"十四五"测绘导航领域职业技能鉴定规

时频检校技术

陈国军 贾学东 卜令冉 赵莹 何婷 付桂涛 编著

国防工业出版社
·北京·

内 容 简 介

本书系统性地介绍了时间频率技术，从时间频率的基本概念出发，系统阐述了时间频率技术的发展与特点、时间频率信号关键技术指标，以及时间统一（也称"时统"）系统的主要内容。结合职业技能鉴定的实操性要求，书中详细介绍了时频检校常用仪器设备的主要功能和使用方法，给出了时频信号硬件接口与同步协议的相关知识，并提供了具体操作实例，旨在帮助读者更好地理解和掌握时频检校的操作技能。

本书可作为测绘导航领域职业技能鉴定中无线电导航——时频检校专业理论教材，也可供时频相关专业技术人员参考。

图书在版编目(CIP)数据

时频检校技术／陈国军等编著. -- 北京：国防工业出版社，2025. -- ISBN 978 – 7 – 118 – 13643 – 2

Ⅰ. P127.1

中国国家版本馆 CIP 数据核字第 2025Z9Z993 号

※

国防工业出版社出版发行
（北京市海淀区紫竹院南路23号　邮政编码100048）
雅迪云印（天津）科技有限公司印刷
新华书店经售

＊

开本 710×1000　1/16　印张 9　字数 158 千字
2025 年 5 月第 1 版第 1 次印刷　印数 1—1500 册　定价 56.00 元

（本书如有印装错误，我社负责调换）

国防书店：(010)88540777　　书店传真：(010)88540776
发行业务：(010)88540717　　发行传真：(010)88540762

前言

随着科学技术的进步,各领域对时间频率精度的要求也越来越高,从单一的计时设备到时频体系,时间频率发挥着越来越重要的作用,对国家安全和军队信息化建设具有重要的战略意义。

时频检校是军队测绘导航领域新兴岗位,是军队时频体系建设与维护不可或缺的力量,该岗位的工作人员称为时频检校员。时频检校员定义为针对时统系统,利用计算机、示波器、通用计数器、相位噪声分析仪等仪器设备进行包括时频设备检测监测、维护维修及时频链路维护、时间频率服务、时间频率应用保障等系统运行维护的工作人员。目前,时频专业人才尤其是技能型人才匮乏,教材、参考资料短缺,这也是编写本书的初衷。

本书结合鉴定大纲要求,从时间频率基本概念入手,系统阐述了时间频率技术的发展、技术指标及时统系统,重点介绍了时频检校涉及的仪器设备操作和时频信号传输接口,并给出了具体操作实例。

全书共6章。第1、2章阐述了时间频率计量的发展、特点及时间频率信号测量基础,包括时间频率的量和单位、时间频率的计量标准、时间频率的量值传递、时频信号技术指标等。第3章介绍了时统系统架构及其发展,包括守时系统、授时系统、用时系统及支撑系统,详细阐述了守时系统原理组成及常用时频传递方法,分析了各系统存在的问题。第4章介绍了时频检校常用仪器设备主要功能和操作使用方法,如万用表、示波器、原子钟、通用时间间隔计数器等时频相关仪器设备。第5章介绍了时频信号传输硬件接口与同步协议,包括串口、USB等时频信号传输常用硬件接口及NTP、PTP等协议。第6章结合技能鉴定实操性特点和实际需求,给出了操作实例,包括时间频率信号参数测量、卫星授时、网络授时等。

本书由陈国军、贾学东、卜令冉、赵莹、何婷、付桂涛编写。陈国军编写第1

章,卜令冉编写第 2 章,贾学东编写第 3 章,付桂涛编写第 4 章,赵莹编写第 5 章,何婷编写第 6 章。全书由陈国军、卜令冉统稿。

本书在编写过程中得到了信息工程大学地理空间信息学院郭延斌、李国辉、张衡等同志的支持和帮助,在此表示衷心的感谢!

由于水平有限,书中难免存在疏漏和不足之处,敬请读者批评指正。

作者

2024 年 8 月于郑州

目 录

第1章 绪论 · 1
1.1 人类的时间观 · 1
1.1.1 时间的认知 · 1
1.1.2 时间的理论演变 · 3
1.1.3 时间的定义 · 4
1.2 时间与频率 · 5
1.2.1 时间尺度 · 5
1.2.2 时间与频率的关系 · 6
1.3 时间频率计量 · 8

第2章 时间频率基础 · 11
2.1 秒的定义 · 11
2.1.1 世界时 · 11
2.1.2 历书时 · 12
2.1.3 原子时 · 12
2.1.4 协调世界时 · 13
2.1.5 地方时与时区 · 14
2.2 时间信号技术指标 · 16
2.3 频率标准技术指标 · 18
2.3.1 高稳石英晶体频率标准 · 18
2.3.2 原子频率标准 · 20
2.3.3 主要技术指标 · 23

第3章 时间统一系统 · 32
3.1 守时系统 · 34

  3.1.1　系统组成与功能 …………………………………………… 34
  3.1.2　系统原理 ……………………………………………………… 36
  3.1.3　分系统组成及原理 …………………………………………… 38
  3.1.4　存在问题及技术发展趋势 …………………………………… 45
 3.2　授时系统 ………………………………………………………………… 46
  3.2.1　总体架构 ……………………………………………………… 47
  3.2.2　卫星授时与时频传递 ………………………………………… 49
  3.2.3　长河二号长波授时原理 ……………………………………… 61
  3.2.4　存在问题及技术发展趋势 …………………………………… 62
 3.3　用时及支撑系统 ………………………………………………………… 64
  3.3.1　用时系统 ……………………………………………………… 64
  3.3.2　支撑系统 ……………………………………………………… 67

第4章　常用仪器设备 ………………………………………………………… 72
 4.1　万用表与示波器 ………………………………………………………… 72
  4.1.1　数字万用表 …………………………………………………… 72
  4.1.2　数字存储示波器 ……………………………………………… 76
 4.2　原子钟 …………………………………………………………………… 88
  4.2.1　VCH-1003M型氢原子钟 …………………………………… 89
  4.2.2　SOHM-4型氢原子钟 ………………………………………… 90
  4.2.3　5071A型铯原子钟 …………………………………………… 91
 4.3　时间频率测量设备 ……………………………………………………… 92
  4.3.1　SR620型通用时间间隔计数器 ……………………………… 92
  4.3.2　VCH-314频标比对器 ………………………………………… 95
 4.4　其他时统设备 …………………………………………………………… 97
  4.4.1　相位微调器 …………………………………………………… 97
  4.4.2　时码产生器 …………………………………………………… 99
  4.4.3　时间信号切换器 ……………………………………………… 104

第5章　硬件接口与时间同步协议 ………………………………………… 105
 5.1　硬件接口 ………………………………………………………………… 105
  5.1.1　串行接口 ……………………………………………………… 105
  5.1.2　USB接口 ……………………………………………………… 109
  5.1.3　其他接口 ……………………………………………………… 111
 5.2　时间同步协议 …………………………………………………………… 111

5.2.1	B 码	112
5.2.2	NTP	117
5.2.3	PTP	120

第 6 章 时频检校实践 ……………………………………………… 127
6.1 标准时间频率信号测量 …………………………………………… 127
6.1.1 实验目的 …………………………………………………… 127
6.1.2 实验器材 …………………………………………………… 127
6.1.3 实验内容 …………………………………………………… 128
6.2 卫星授时 …………………………………………………………… 130
6.2.1 实验目的 …………………………………………………… 130
6.2.2 实验器材 …………………………………………………… 130
6.2.3 实验内容 …………………………………………………… 131
6.3 网络授时 …………………………………………………………… 133
6.3.1 实验目的 …………………………………………………… 133
6.3.2 实验器材 …………………………………………………… 133
6.3.3 实验内容 …………………………………………………… 133

参考文献 ……………………………………………………………………… 136

第 1 章
绪论

人类对时间频率特别是时间的认识和研究历史久远，时间与历法是天文学中最早发展起来的一个分支，在其发展历程中，又与自然科学中的数学、物理学、测地学，以及航海、机械制造、无线电技术等有着密切联系。发展至今，时间频率已广泛应用于社会、经济和国防建设各个领域，与人们生产和日常生活密不可分，电力、通信、交通、金融以及雷达组网、技术侦察、武器制导等都离不开精确的时间频率保障。

1.1 人类的时间观

1.1.1 时间的认知

人类对时间的认识，源自对日常生活中事件的发生次序而总结出的时间观念。当然，人们在生活中得到的绝不仅仅是事件发生次序的概念，同时也有时间间隔长短的概念，这个概念源于对两个过程的比较。例如，两件事同时开始，但一件事结束了，而另一件事还在进行，我们就说另一件事需要的时间更长。这里我们可以看到，人们运用可以测量的过程来表征抽象的时间。

探究时间概念的由来，可从人类公认的时间单位"天（或日）"和"年"说起。自人类诞生起，人们通过观察太阳的东升西落，感受着昼夜轮回现象，逐渐形成了"日"的概念，于是把一个昼夜轮回定义为 1 天，然后人们通过观察月亮的圆缺，逐渐形成了"月"的概念，通过四季的重复变化，逐渐形成了"年"的概念。以上就是人类最初对时间的认识，后来才逐步认识到"日"是地球自转引起的现象，再后来，人们从春夏秋冬、日月星辰轮回现象的背后认识了地球在围绕太阳公转这一自然现象，并把地球公转 1 周的过程定义为 1 年时间。不仅如此，人们还把 1 天划分为 24 小时或者 12 时辰，把 1 年划分为 4 个季节、12 个月份等。人们还把 1 年时间与 1 天时间的长短进行了比较，以 1 年时间来对应大约 365 天。

通过对时间单位"天"和"年"的分析可以看出，人们对时间的认识其实是围绕着各种事物的存在过程进行的，是人们在认识事物的基础上，对事物的存在过程进行定义、划分和相互比对而逐步形成和完善的。事物的存在过程、状态无外乎运动变化或静止。那些具有明显周期性变化的事物，其存在过程或阶段，往往被人们用来作为衡量时间长短的依据。例如，地球的自转和公转周期、单摆的运动周期、原子的震荡周期等。虽然时间概念是由观察事物的运动变化而建立，但这并不表明没有运动变化就没有时间，或者静止对时间就没有意义。静止状态也是事物存在的一种形式，如钻石的分子结构在通常情况下是稳定不变的。因此，不论事物是运动变化的还是静止的，只要有事物存在就可以用时间来描述其存在过程。认识到静止也是事物存在过程中的一种状态，是人们在时间概念认知上的一个进步。

人们建立时间概念的一个基本目的是对时，即对各个（种）事物的先后次序进行比对。人们为了方便相互间的交流和活动，通常以一些具有唯一性及标志性事物的起止作为对时的标志。例如，以耶稣诞生的年份作为公元纪年的开始，以毛主席宣告中华人民共和国成立的年份作为新中国的开始，以运动场上发令枪的声音和烟雾作为某项比赛的开始。另一个基本目的是计时，即衡量、比较各种事物存在过程的长短。人们一般不以静止事物的存在过程作为计时的依据，这也许是长期以来人们将时间仅看作"运动的存在形式"的一个因素。人们通常选择一些周期性运动变化较为稳定的事物，以其运动周期作为计时依据。例如，月相、圭表、日晷、机械钟、石英钟、原子钟等，这些事物就成为天然的或人工的计时器。计时器就是人们在一定条件下，通过某种变化事物的存在过程（尤其是周期性的）来衡量其他事物存在过程长短的装置。需要注意的是，任何计时器度量出的时间都是呈现其本身的存在过程，不一定代表其他事物的存在过程。虽然如此，人们还是可以在一定的条件下或通过一定的转换，以某个计时器的运行状态来描述其他事物存在过程的长短或所处阶段。例如，以大约365个地球自转周期（天）来对应1个地球公转周期（年），以大约29.5天来对应1个朔望月，用秒表来测量运动员的成绩等。

总之，时间概念不是人凭空杜撰出来的意识，而是来自人们对各种事物存在过程的认识，并通过归纳总结而产生，因此时间概念对应着客观现实——事物的存在过程。人们除了对以实物形态呈现的客观事物，如恒星、行星、分子、原子、细胞等认识以后可以产生相应的概念，还可以对非实物形态的客观事实认识以后产生相应的概念。例如，国际单位制中7个基本单位对应的物理量：时间、长度、质量、电流强度、温度、发光强度、物质的量，还有人们的空间、信息、意识等概念反映的也是非实物形态的客观事实。

1.1.2 时间的理论演变

自古以来，人们对时间的理论认知经历了多次改变，从古人狭隘地认为"时间就是一切物体的运动"，到如今理解为"时间源于最先进的物理学和天文学的领域"，认为"时间是不受外界影响的物质周期变化的规律"，有关时间的理论更加系统和科学。

古代科学家亚里士多德等认为，时间是日月星辰的运行、四季更替的变化，但该观点被奥古斯丁大帝否定。奥古斯丁认为，运动不是时间，运动的持续也不是时间。如果是前者，因运动速度不同，时间就有了快慢，但时间是均匀流逝的；如果是后者，运动停止了，时间并没有停止。奥古斯丁的贡献在于，他把运动和时间分开，提出了时间均匀流逝的观点。奥古斯丁认为，时间是思想的延伸，他想证明的是度量的时间，不是已经不存在的时间，不是绝无长度的时间，也不是没有终止的时间，而是时间经过现在时，心灵中所留下的印象。

到了牛顿，他将前人的观点进行整理深化，提出了绝对时间的观点："绝对的、真实的、数学的时间，就其本质而论，是自行均匀地流逝的，与任何外界的事物无关"。时间是客观世界自然存在的运动过程，运动的速度不会任意改变，也就是惯性，这就是时间。如果时间整体是同步加快或变慢，在其内部无法发现变化，所以，只能认为一切都是不变的，这就是牛顿时期科学的基础。这个时期，人们认为时间和空间是一个独立于自然界的概念，可以永久存在。

但是，爱因斯坦却推翻了这种观点，提出了四维时空的概念。他认为牛顿的绝对时空观念是错误的，不存在绝对静止的参照物，时间测量也是随参照系不同而不同的。根据爱因斯坦相对论所说：我们是处在一个三维空间加上时间构成的四维空间。由于我们在地球上感觉到的时间很慢，所以不会明显地感觉到四维空间的存在，但一旦登上宇宙飞船或到达宇宙之中，使本身所在参照系的速度开始变快甚至接近光速时，人们能感到时间的显著变化。如果你在速度接近光速的飞船里航行，你的生命会比地球上的人要长很多。这里有一种势场所在，物质的能量会随着速度的改变而改变，所以时间的变化及比对是以物质的速度为参照系的，这就是时间为什么是四维空间的要素之一。爱因斯坦给出了四维时空，这只是时间的变化特性，却没有解释时间的起点与终点。

霍金更进一步把时间分成了3类，总结了3种时间箭头。第一个是热力学时间箭头，即在这个时间方向上无序度或熵增加；第二个是心理学时间箭头，这就是人们感觉时间流逝的方向，在这个方向上可以记忆过去而不是未来；第三个是宇宙学时间箭头,在这个方向上宇宙在膨胀,而不是收缩。这三个时间箭头的方向是一致的,而不会在三者之间出现相反的方向。也就是说,人们不会把宇宙的膨胀看成是宇宙将要诞生,也不会把一只杯子从桌子上掉下去摔碎看成是杯子在桌子上之前的事情。这也意味着,人们不可能回到过去,哪怕是在未来宇宙收缩的阶段。

总之,霍金认为宇宙起源于一个奇点。这个奇点密度无限强、引力无限重、时空曲率无限大,在当时被视作黑洞的中心。宇宙是从奇点开始的,时间也是从奇点开始的。霍金认为宇宙中存在很多像黑洞一样的奇点,从一个奇点直接能到另一个奇点,那么,也有可能回到宇宙开始的那一个奇点,这就给人们实现时间旅行的一种遐想。

从物理学角度来看,要进行时间旅行,就要克服星际间距离遥远的障碍,而克服遥远距离的最好办法就是扭曲空间。例如,北京和华盛顿相隔很远,在较短的时间内到达不了。如果大地像一张纸,能够折叠,只要将大地的两端折叠起来,让华盛顿和北京叠在一起,两地的距离不就拉近了吗?那么,时空可以扭曲吗?根据相对论,只要有超大密度的区域,这是办得到的。如果时空扭曲了,宇航员就可以像蚂蚁从折叠纸的一面爬到另一面那样,很容易地跨越遥远的时空距离。而扭曲时空需要的超大密度的区域,只能是黑洞。黑洞能将时空扭曲成漏斗状,并在"漏斗"底部,把两个完全不同的时空结构连接起来,这就是现在所说的虫洞。

1.1.3 时间的定义

时间虽然早就被人们所认识,说起来没有人不知道,但要为其下一个确切的定义却是一件十分困难的事情。有人说时间就是钟表上的读数,也有人说时间就是日升日落、四季更替等,这些表述都没有错,但又都不够准确。诺贝尔物理学奖获得者、美国哥伦比亚大学名誉教授比拉在为《时间》一书所做的序中写道:"时间是什么?似乎小孩都知道,但是即使水平最高的理论物理学家也难为它下一个令人满意的定义。然而,时间的度量是一切科学的基础,因为科学家们所能研究的仅仅是随着时间的流逝改变的是什么。"由此可见,时间必须从物质的运动过程角度,判别和排列事件发生的先后顺序和运动的快慢程度,来对它们进行观察、分析和研究。

人类历史上还不曾明确定义时间,再加上是人们各自亲身感受的,特别是对生命运动现象的感受和记忆,所以通常认为时间是一种真实的存在。实际上,时间是人类为了把握事物运动规律、为了在大脑的记忆中定位事物运动的过程而设计的度量体系,是人类衡量事物运动关系的一把无形的尺度。作为一个专有名词，时间是人类为了把握事物运动规律而创立的概念。作为一个度量体系，时间是以现实中存在的某一运动现象（如地球的自转及公转运动、月球的公转运动、铯原子的跃迁运动等）为标准，用以量化及度量事物运动及变化过程的数学工具。作为一种测量或者预测结果，时间代表了事物某一运动过程经历的或者有可能经历的数学的量。

因此，时间是物质存在的基本形式之一，可以定义为：时间是人类用以描述物质运动过程或事件发生过程的一个参数，是指宏观一切具有持续性和不可逆性的物质状态的各种变化过程，具有共同性质的连续事件的度量衡的总称。时是对物质运动过程的描述，间是指人为的划分，时间也是思维对物质运动过程的分割、划分。

1.2 时间与频率

1.2.1 时间尺度

时间尺度是用来描述时间的尺度或坐标，又称时间坐标，也可简称为时标。坐标的原点又称历元，坐标的单位长度称为时间单位。由于单位长度不同，历元不同，得到的时间尺度亦不同。目前，常用的时间尺度分为天文时和原子时两种。

天文时是人类通过天文观测来确立的时间尺度，它的建立又分为2种。一种是以地球自转为基础，如恒星时和太阳时，地球上任何位置，通过观测相对地球固定的恒星2次通过地方子午圈的时间间隔为1个真恒星日，得到恒星时；通过观测太阳在空中的位置，2次通过地方子午圈的时间间隔为1个真太阳日，得到真太阳时；取其1年的平均值即得到平恒星时和平太阳时。格林尼治子午圈的平太阳时称为世界时（Universal Time，UT），某一地方的平太阳时又称为地方时，参考格林尼治子午圈换算得到的平太阳时又称标准时。另一种是以地球公转为基础，如在地球绕太阳公转基础上建立的历书时（Ephemeris Time，ET），历书时实际上是通过观测月球（相对于恒星）绕地球的运动轨道计算出位置，再反推出观测时刻而得到的时间尺度。

原子时（Atomic Time，AT）是以物质的原子内部超精细能级跃迁辐射振荡频率为基准的时间尺度。目前，全世界有多个实验室利用高精度原子钟建立了自己独立的时间尺度，以便及时满足各自国家的应用需要。由于各地方的原子钟给出的地方原子时总是会有相互偏离和不均匀，为了得到一个更均匀且世界各地统一的时间尺度，设在巴黎天文台的国际计量局（the International Bureau of Weights and Measures，BIPM）利用各国最优秀的原子钟观测数据建立了国际原子时（International Atomic Time，TAI）。各国自行保持的地方原子时与国际原子时在频率和相位上保持同步。

时间尺度的建立有2项基本工作。第一项是确定时间间隔的单位，即UT的"日"、ET的"年"和AT的"秒"；第二项是选择或确定计算周期的原点，也就是起点，天文学中称为历元。时间尺度最重要的两个特性是连续性与均匀性。连续性要求时间尺度不出现跳变，例如，不能从1日突然跳变到3日；均匀性指时间尺度上各相应刻度间的间隔保持相等的程度，均匀性好表示间隔相等的程度高，即周期运动的基本周期或规律要稳定，不能出现这一秒和前一秒长短相差很大的情况。

为什么要有这么多不一样的时间尺度呢？概括地说是为了满足各种应用领域的需要，不同的时间尺度在不同的领域发挥着不同的作用。例如，国际原子时是为了国际范围的时间统一和使用，是国际间和各国高精度时间比对测量的基础；世界时是地球自转的测量，广泛用于天文领域，要知道地球表面一点相对于天球参考系的精确位置，必须知道世界时；协调世界时（Universal Time Coordinated，UTC）是各国民用时间标准，是每个国家采用的以及通过无线电信号或其他方法传递的基本时间系统；地心坐标时（Geocentric Coordinate Time，TCG）是从大地水准面通过相对论转换到地心的地心类时变量，是地心参考系的坐标时；质心坐标时（Barycentric Coordinate Time，TCB）是太阳系质心参考系的坐标时，它是用于测定太阳系天体相对于太阳系质心运动的运动方程中的时间变量。

1.2.2 时间与频率的关系

1. 频率的概念

频率，是单位时间内完成振动的次数，是描述振动物体往复运动频繁程度的量，常用符号f或v表示，单位为s^{-1}。每个物体都有由它本身性质决定的与振幅无关的频率，叫做固有频率。

物理学中频率的单位是赫兹（Hz），简称赫，是为了纪念德国物理学家赫兹的贡献而命名的。常用的单位有千赫兹（kHz）、兆赫兹（MHz）或吉赫兹（GHz），1kHz=1000Hz，1MHz=1000kHz，1GHz=1000MHz。频率f是周期T的倒数，即$f=1/T$。另外，频率和波长还有一个关系，即波速=波长×频率。

例如，光速在同一介质的传播速度是恒定的，这样不同波长的光波就对应着不同的频率，这也是可见光有不同颜色的原因。

为了定量分析物理学上的频率，势必涉及频率测量。图1-1为频率信号波形示意图，频率信号一般通过相应的传感器，将周期变化的特性转化为电信号，再由电子频率计显示对应的频率，如工频、声频、振动频率等。除此之外，还有应用多普勒效应原理对声频的测量。所谓多普勒效应，是指当波源和听者之间发生相对运动时，听者感到的频率改变的一种现象。

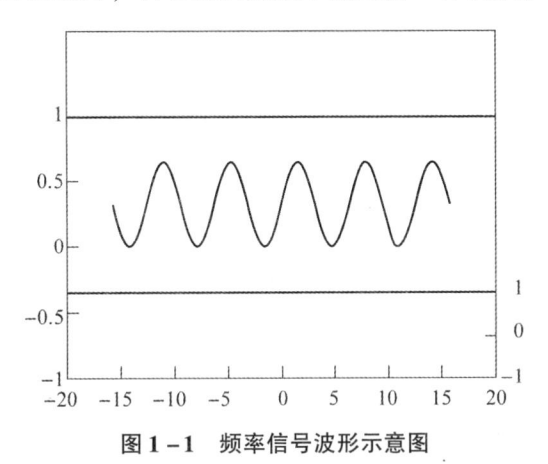

图1-1 频率信号波形示意图

频率概念不仅在力学、声学中应用，在电磁学和无线电技术中也常用，常用的频率量有以下几种：

（1）电流频率：日常生活中的交流电的频率一般为50Hz或60Hz，而无线电技术中涉及的交流电频率一般较大，达到kHz甚至MHz的度量。

（2）工频：交流电的频率，称为工频。目前，全世界的电力系统中，工频有2种，一种为50Hz，另一种为60Hz。

（3）声频：声音是一种机械振动，通过介质传播，不能传播于真空。人耳听觉的频率范围为20～20000Hz，超出这个范围的就不为人耳察觉。低于20Hz为次声波，高于20kHz为超声波。声音的频率越高，则声音的音调越高，声音的频率越低，则声音的音调越低。

（4）潮汐频率：在天文潮汐学中，由于各种天体活动周期长，以Hz的单位显示不便，因此常用的单位为：次/小时（Cycle Per Hour，c/h）。例如，最常见的M2分潮的周期约为12.42h，则其频率通常表示为0.08051c/h。

（5）角频率：频率的2π倍也称角频率，即$\omega = 2\pi f$。角频率也是描述物体振动快慢的物理量，在国际单位制中，角频率的单位是弧度/秒（rad/s）。

（6）转角频率：在控制工程学科中，当$T \times \omega = 1$时，$\omega = 1/T$，此时具有

的 ω 值称为转角频率。

2. 时间与频率的关系

时间与频率是相关的两个量，表征连续出现的周期现象及其属性。时间是法定计量单位的基本量，频率是法定计量单位的导出量。

时间和频率在数学上互为倒数关系，即由周期现象的周期 T 可得到频率 $f=1/T$，反之，由周期现象的重复频率 f 可得到周期 $T=1/f$。依据这个基本关系，进一步分析可以得出时间与频率之间的相互关系。

（1）由时间导出频率：某周期现象在 τ 时间内重复出现 n 次，每个周期经历时间为 T 时，可导出对应的频率为 $f=1/T$ 或 $f=n/\tau$，这是频率测量的依据，即在标准时间 τ 内，测量被测量周期 T_x 的个数 n，可得到被测量的频率 f_x。

（2）由频率确定单位时间：某相同状态，连续出现 f 次，即重复出现了 f 个周期，所经历的时间可定义为某个单位时间，$T=1/f$，这是标准时间的单位时间定义依据，即选定某周期现象，定义重复出现 f 次所经历的时间为标准时间的时间单位。例如，定义铯 – 133（133Cs）辐射周期累计 9192631770 次，经历的时间为 1s。由 $f \times T = 1$，得到 $f = 9192631770$ Hz，则有 $9192631770T = 1$s，$T = (1/9192631770)$ s，即选定某周期现象的周期 T，并确定累计 f 次，就可以获得某种时间尺度单位时间的定义。

1.3 时间频率计量

时间频率计量是研究周期运动或周期现象的特性表征、测量和评估的计量科学。时间是周期运动持续特性的度量，周期运动的周期累计得到时间；频率是周期运动复现特性的度量，单位时间（通常为 1s）内周期重复次数就是频率。即时间和频率是周期运动及其属性不同侧面的表征和描述，由时间量可以导出频率量，由频率量也可以得到时间量，两者密切相关不可分割，所以常称为时间频率，简称"时频"。

1. 时间频率计量单位

现行国际单位制（International System of Units，SI）包括 7 个基本单位，分别为长度单位米（m）、质量单位千克（kg）、时间单位秒（s）、电流单位安或安培（A）、热力学温度单位开或开尔文（K）、物质的量单位摩或摩尔（mol）、发光强度单位坎或坎德拉（cd）。SI 包括了科学技术和国民经济各个领域内的计量单位，并给出了某一物理量的全部导出单位，几乎可以代替所有其他单位制和单位。在 SI 的 7 个基本单位中，时间单位的定义和测量是历史最悠久、情况最复杂、目前测量精度最高的一个基本单位。

SI 单位有基本单位和导出单位。时间的基本单位为"秒"，中文符号：秒，SI 符号：s。现采用的秒长为 1967 年 10 月第 13 届国际度量衡会议通过的新的时间计量单位 AT。AT 秒长的定义为："位于海平面的铯-133 原子基态两个超精细能级在零磁场中跃迁辐射 9192631770 周持续的时间"。导出单位为"赫兹"，中文符号：赫，SI 符号：Hz，是 1s 时间内周期现象重复出现的次数。

从计量学的角度，表征时间频率分为表征其准确特性和稳定特性两种。其中，表征准确特性的量有时差、钟差、频率准确度等，表征稳定特性的量有稳定度、漂移率、相位噪声、钟速率、钟加速率等。

2. 时间频率计量特点

时间标准是建立在宏观或微观周期运动基础上的周期累积。目前，常用的时间标准主要分为 3 类：一是根据地球自转周期确定的世界时，二是以原子能级跃迁辐射的电磁波振荡频率为基础确定的原子时，三是世界时与原子时综合而成的协调世界时。

频率标准是产生准确、稳定频率信号的频率源。目前，常用的标准频率源主要包括 2 种，即基于石英晶体压电效应研制的石英晶体振荡器（晶振）和基于原子能级跃迁而研制的原子频率标准（常用的有铷、铯、氢原子标准）。按照国际单位制的秒定义，标准频率和标准时间应溯源于同一标准，而且由同一标准源 ^{133}Cs 在特定的能级之间跃迁辐射产生，所以，原子钟既可作为时间标准也可作为频率标准。

时间频率信号看不到也摸不着，与其他物理量相比，在测量及传递上有着相同点，也有自身特点。时间频率量值可以利用标准频率源和标准钟在本地测量，并进行本地量值传递。时间频率的被测信号是电信号，所以本地测量可以采用频率比较、周期比较、相位比较、时刻比较等方法，每种方法依据测量系统不同又可演变成多种方法。由于时间频率信号一般通过电磁波进行传播，因此，可进行远距离测量与量值传递。传播标准时间频率信号可通过短波（高频）、长波（低频）、甚低频、电视、卫星等无线方式，也可利用电话、网络、光纤等有线方式。只要用户具备接收比对设备，就可以建立检定或校准系统，直接获得需要的时间频率标准信号，这种方式打破了分级传递的传统量值传递模式。

时间频率的计量标准是基于量子跃迁的辐射频率，根据量子力学定律可知，该辐射频率相当准确而稳定，加之微观粒子具有全同性，因此以微观粒子的物理现象为基础的时间频率标准具有良好的复现性，时间单位秒是国际单位制中复现的不确定度最小的一个基本单位。时间频率的标准量值可以通过电磁波传播，不仅打破了分级量值传递模式，也实现了远程校准。

时间频率信号总是不断地改变，其计量校准具有动态测量特性，这种动态不仅是随机变量，而且是随机过程，因此，时间频率信号稳定性的表征和测量尤为重要，并需要应用多种数理统计方法。时间频率信号的动态性不仅要求其计量标准足够稳定，期望信号的下一个周期是前一个周期的精确复制，而且决定了时间频率量的测量是取样测量，每个观测值或测量值都不是瞬时值，而是测量平均值，并且需要多次测量才得到一个测量结果，这就是时间频率技术指标的计量常常需要几天甚至几个月的原因。

时间频率计量标准量值复现的高准确度，促进了时间频率量值测量的高精密度，时间频率计量的准确度和精密度是所有其他物理量测量远不能及的。这不仅提高了时间频率自身应用领域的水平，如导航、定位、通信、邮电、电力、交通等，也推动了其他物理量计量向时间频率计量方面转化。任何量值计量，只要能转换为时间频率计量，就能提高其准确度，还可促进计量基准向量子基准转化，长度、电压、电阻的新定义，都是向时间转化的典型事例。

第 2 章
时间频率基础

2.1 秒的定义

秒是时间的基本单位。历史上,人们都是通过天文观测和计算的方法来获得准确的秒,随着科技的进步,秒的确定也经历了世界时、历书时和原子时 3 个过程。

2.1.1 世界时

世界时也称"格林尼治时间",是格林尼治所在地的标准时间,即以本初子午线的平子夜起算的平太阳时,是以地球自转运动为基准的时间计量系统。我们知道各地都有自己的地方时间,如果国际上发生重大事件都用各地方时来记录,会感到复杂不便,长期下去容易弄错时间。因此,天文学家提出一个大家都能接受而且方便的统一记录方法,以格林尼治的地方时间为标准时间,利用各地与本初子午线的地理经度差推算出事件发生时的本地时间。

例如,某事件发生在格林尼治时间上午 8 时,我国在英国东面,北京时间比格林尼治时间要早 8h,我们就知道事件发生在相当于北京时间 16 时,也就是北京时间下午 4 时。

世界时同样反映地球自转速率变化,但受地极移动(极移)、地球自转季节性变化和其他不规则变化的影响,因而有 3 种形式:

(1) UT0:由天文观测直接测定的世界时。

(2) UT1:在 UT0 中引入由极移造成的经度变化改正。

(3) UT2:在 UT1 中加入地球自转速度季节性变化改正。UT2 仍然受某些不规则变化的影响,所以它也是不均匀的。

极移造成的精度变化改正和地球自转速度季节性变化改正的数值由 BIPM 计算并通告各国。

2.1.2 历书时

历书时是以地球公转周期为基础而建立的一种时间系统，1952 年国际天文协会第八次会议决定：从 1960 年起，各国在编算天文年历中计算太阳、月亮和行星等的视位置时，一律不用世界时而采用以地球公转周期为基准的历书时。1958 年国际天文协会第十届会议通过历书时的确切定义是：历书时是从公历 1900 年初附近，太阳几何平黄经为 279°41′48.04″的瞬间起算，这一瞬间定为历书时 1900 年 1 月 1 日 00 时整。历书时秒长为历书时 1900 年 1 月 1 日 00 时瞬间的回归年长度的 1/31556925.9747。历书时秒曾被采用为时间的基本单位。

历书时的定义是建立在 19 世纪末地球绕日运动的纽康理论上的。纽康根据地球绕太阳公转运动，编制了太阳历表，实际上，历书时是纽康太阳历表中作为均匀变化的时间自变量。所以某一瞬间的历书时，可以根据这瞬间测定太阳位置的观测结果同太阳历表给出这瞬间的数值比较而得到。例如，在世界时 T_0 瞬间测得太阳的赤经为 α_0，再从以历书时为时间引数的纽康太阳历表中，按 α_0 反查出它对应的时间引数，即得世界时 T_1，从而求得该瞬间世界时与历书时之差 ΔT。于是，历书时 T = 世界时 $T_0 + \Delta T_S$，ΔT_S 为世界时换算为历书时的改正数。

历书时在理论上虽然是一种均匀时，但实现难度大，需要长时间的天文观测。连续几年的天文观测，能把历书时的精度确定到 1×10^{-9}，相当于 1s 产生 1ns 的误差。

随着科技的进步，历书时的测量精度已不能满足今天要求更高的天文动力学、地球物理、大地测量、计量和空间技术等方面迅速发展的需要。因此，自 1967 年起，历书时被原子时代替作为基本时间计量系统。

2.1.3 原子时

原子时是以物质原子的内部运动为基准而建立的时间尺度。原子中的电子在不同能级之间跃迁时会发射或者吸收一定频率的电磁波，并且该电磁波的频率值非常恒定。原子时起始时刻定义在 1958 年 1 月 1 日 0 时 0 分 0 秒（世界时）这一瞬间，世界时和原子时相差 0.0039s。

根据原子时秒的定义，任何原子钟在确定起始历元后，都可以提供原子时。原子钟的起始点各不相同，即使选择了同一起点，由于准确度和稳定度存在着差异，长期积累之后显示的时刻也会明显不同。所以，在建立原子时初期,除了采用共同起始点之外,还要用多台钟进行加权平均得出原子时,使其尽可能准确。

由各个国家实验室的高精度原子钟自主保持的原子时称为地方原子时。目前,世界上约有30多个国家分别建立了各自独立的地方原子时。国际原子时是由 BIPM 根据世界上约30多个国家70多个实验室350多台原子钟提供的数据处理得出的"国际时间标准"。国际原子时标是一种连续性时标,由1958年1月1日0时0分0秒起,以日、时、分、秒计算。原子时标的准确度为每日数纳秒。

分布在世界各地时频实验室的原子钟通过内部时间比对和远程时间比对,将数据汇集到 BIPM,BIPM 通过原子钟比对数据的综合处理,得到自由原子时(Echelle Atomique Libre,EAL)。自由原子时具有最优的频率稳定性,但相对于秒基准的频率准确度上缺少约束,因此,需要再根据频率基准装置对自由原子时进行频率驾驭,最终得到国际原子时。目前,约有12台频率基准装置对自由原子时进行频率驾驭,其中有9台为铯基准,分别由法国、德国、意大利、日本、美国维持。国际原子时的综合原子时处理方法为 ALGOS(Algooithm for the Computation of Time Scales)算法。随着原子钟质量的不断提高和远程时间比对技术的不断更新,BIPM 多次更新国际原子时计算方法和取权规则,缩短了计算周期和数据点的时间间隔,1998年以后国际原子时每月计算一次。

各实验室之间主要通过卫星双向时间频率传递(Two Way Satellite Time and Frequency Transfer,TWSTFT)、GPS 卫星共视方法进行精密时间比对。在各种比对手段中,TWSTFT 方法精度最高,但设备较为昂贵,约占时间传递方法比例的15%;GPS SC(单频单通道 C/A 码)时间传递方法所占比例约为36%;GPS MC(单频多通道 C/A 码)时间传递方法所占比例约为33%;GPS P3(多频多通道 P3 码)时间传递方法所占比例约为9%;其他时间传递方法所占比例约为7%。由此可见,由于 GPS 的广泛应用及 GPS 时间传递设备的高性价比,使得 GPS 时间传递成为 BIPM 时间比对的主要手段,各类 GPS 时间传递方法的总比例达78%。

2.1.4 协调世界时

原子时是以科学技术为基础,人们感受不到原子时的存在,而世界时是以地球运转为基础,人们是可以真实感受到的,如昼夜交替。国际原子时与世界时的误差为每日数毫秒,由于地球自转变慢,按照现在的运行速度,5000年差1h,30000年后午夜零点的时候,太阳就升起来了。针对这种情况,1972年一种折中时标面世,称为协调世界时。

协调世界时的基础依然是原子跃迁，但要与世界时协调。协调世界时是最主要的世界时间标准，采用原子时的秒长，但规定协调世界时的时刻与世界时的时刻差保持在±0.9s以内。如果时刻差将要超过0.9s，就在协调世界时中减去1s或加上1s，使用这种方法缩小两者的差距。这增加或者减少的1s称为闰秒，一般闰秒在6月30日或者12月31日的最后一秒实施。闰秒调整由巴黎的国际地球自转事务中央局（International Earth Rotation Service，IERS）负责决定。当前全世界民用时指示的时刻就是协调世界时，世界上授时台发播的时号大部分是协调世界时时号。

闰秒也称"跳秒"，是指在协调世界时的基础上增加或减少1s，使它与世界时贴近所做的调整，包含正闰秒和负闰秒。设置闰秒是为调整原子时与世界时由于地球自转不均匀而产生不同步的矛盾。由于地球自转的不稳定，原子时与世界时会带来时间差异，从速率上的差异讲，一般1~2年大约会相差1s。按照这几十年已知的差异来测算，大约5000年后，"原子时"会比"世界时"快1h。从1958年"原子时"诞生，直至2006年，两个计时系统累积差了33s，也就是说地球自转慢了33s。

为此，1971年，国际天文学联合会和国际无线电咨询委员会决定，从1972年1月1日起，采用新的协调世界时系统。在新系统中，取消频率调整，使协调世界时秒长严格等于原子时秒长。为使协调世界时时刻与世界时时刻之差保持在±0.9s以内，必要时调整1整秒（增加1s或减掉1s）。调整闰秒的时间一般在6月30日或12月31日实行，增加1s叫正闰秒，减掉1s叫负闰秒。正闰秒调整要使第二天的0：00：00晚1s开始，增加1s后，当天23时59分59秒的下一秒为23：59：60，然后才是第二天的0：00：00。负闰秒调整就是当天的23：59：58的下一秒就是第二天的00：00：00。

闰秒的调整不会对普通民众的日常生活产生影响，人们感觉不出变化。从1972年开始，我国在40年里调整过25次闰秒，如2012年7月1日，我国在北京时间7时59分59秒（协调世界时时间6月30日23时59分59秒）与全球同步进行了闰秒调整，出现7时59分60秒的特殊现象。

2.1.5 地方时与时区

地方时是指以观测地子午线（经线）为基准确定的时间。由于每个观测者所处的子午线不同，同一瞬间他们测得的参考点的时角是不同的，所以各地都有自己的时刻，称为地方时。

在古代，因地方时的不同而产生的影响极小。人们传递消息及旅行的速度是缓慢的，旅行过程中时差的变化小于当时钟表校准的精度。例如，北京和乌鲁木齐的时差为2h，但古人至少需要半个月的时间才能走完这段路程，每天所经历的时差只有几分钟，因此根本不会察觉到时间的变化。

到了19世纪中叶，电话及铁路迅猛发展，人们传递消息及旅行所用的时间大为缩短。地方时带来的时差问题给人们的生活造成了相当大的困扰。例如，在19世纪70年代的美国，因其本土面积较大，从西向东横跨了4个时区，且每个地区都使用各自的地方时，在各地修建铁路时都采用了自己地区的时间，导致当时的美国铁路系统的时间非常混乱，甚至出现了每条铁路都各自拥有自己的时间的情况，在当时的匹兹堡车站就挂有5个时钟来指示不同铁路的时间，这就给乘客带来了相当的不便。

1884年10月，参与国际子午线会议的多数国家同意采用世界时区及共同经度0°线的提议。世界时区的划分以本初子午线为标准。从西经7.5°到东经7.5°为零时区（经度间隔为15°），从零时区的边界分别向东和向西，每隔经度15°划分一个时区，东、西各划分12个时区，东12时区与西12时区重合，全球共划分为24个时区。各时区都以中央经线的地方时为本区的区时。相邻的两个时区的时差相差1h。例如，向西每过一个时区，需要将时间调慢1h；向东每过一个时区，需要将时间调快1h。例如，北京时间为10月1日08：00，位于西5时区的纽约的时间为9月30日19：00，位于零时区伦敦的时间为10月1日00：00，位于东12时区的惠灵顿为10月1日12：00。

理论上，世界时区的每一条界线都是从南极到北极的经线，但为了让时区界限的划分尽量不使人们感到不便，只有少数时区依照经线划分，大部分国家都在世界时区划分的基础上进行了适当的修改，以适应本国的实际需要。有些国家仍然采用其首都（或适中地点）的地方时为本国的统一时间，如我国采用北京时间作为全国统一时间。还有些国家所用的统一时间与格林尼治时间相差整0.5h，如印度、乌拉圭等。

中国幅员辽阔，从西到东横跨东5、东6、东7、东8和东9五个时区。根据北京地理位置（东经116°21′），可以推算出北京位于东8时区。中华人民共和国成立后，决定采用首都北京所在的东8时区的区时为全国的标准时间，称为北京时间。

北京时间 = 协调世界时 + 8h，中国所跨的5个时区为：
(1) 中原时区：以东经120°为中央子午线。
(2) 陇蜀时区：以东经105°为中央子午线。
(3) 新藏时区：以东经90°为中央子午线。
(4) 昆仑时区：以东经75°（82.5°）为中央子午线。
(5) 长白时区：以东经135°（127.5°）为中央子午线。

2.2 时间信号技术指标

我们常说的时间包含 2 个含义：一个是时刻，另一个是时间间隔。时刻是指连续流逝时间的某一瞬间，在时间轴上用一个点表示，没有长短意义，指的是某一事件是什么时候发生的。时刻与物体的位置相对应，表示某一瞬间。时间间隔是指 2 个时刻之间的一段间隔，在时间轴上用一线段表示，有长短意义，指的是某一事件持续的时间。时间间隔与物体的位移相对应，表示某一过程。

如图 2-1 所示，时刻与时间间隔是 2 个不同的概念，不能混淆。事件发生在什么时刻？事件持续了多长时间？二者具有不同的含义。用一根无限长的只表示先后次序不表示方向的带箭头的线来描述时间间隔和时刻，这条带箭头的线称为时间轴。时刻可以看成每一个点，是短暂到趋近于无限小的时间间隔，时刻是衡量一切物质运动先后顺序，它没有长短，只有先后，是一个序数；而时间间隔可以看成一条线段，表示 2 个时刻之间间隔的长短，一定有开头和结尾，也就是通常人们说的时间的长短。

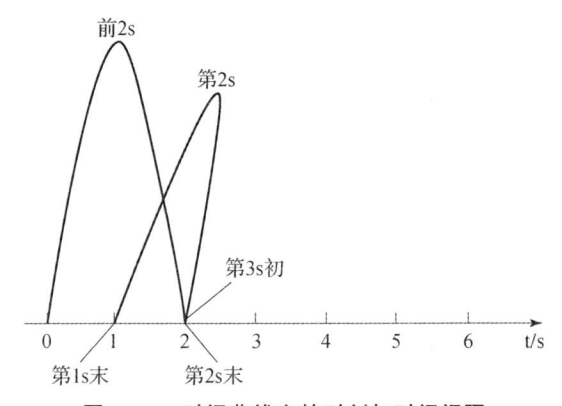

图 2-1 时间曲线上的时刻与时间间隔

平时我们说的时间里，属于时刻的有：第几秒初、第几秒末、前几秒末、后几秒初；属于时间间隔的有：第几秒内、几秒内、前几秒、后几秒内。再举个例子，电视上新闻报道："2012 年 10 月 25 日 12 点 8 分 30 秒，在西昌卫星发射中心成功发射一颗地球同步卫星，卫星在 10min 后成功实现星箭分离"，这句话前面的时间就是时刻的概念，而后面的时间则是时间间隔的概念。

获取标准时间后，需要将这个时间发布给系统的每个部分，经过传输、数据处理等过程，定时设备一般输出秒脉冲（Pulse Per Second, PPS）信号或者完整的时间（包含年、月、日等），并用于时间同步、时间显示等。在这里，时间信号主要指脉冲信号（信号周期不限定为1s）和B码（包含年月日等信息）信号，本节主要介绍脉冲信号及其技术指标表征。

目前，一般卫星导航授时终端都要求有1PPS信号输出，其作用是指示整秒的时刻，而该时刻通常是用1PPS秒脉冲的上升沿来标示。北斗卫星导航系统给出的含有北斗导航卫星系统时间（BeiDou Navigation Satellite System Time，BDT）简称北斗时。BDT和协调世界时时间的导航信号到达授时终端天线具有一定的延迟，使用1PPS信号上升沿标示BDT和协调世界时时间的整秒时刻，可以达到纳秒量级精度，而且不会产生累积误差。一般要求1PPS上升时间小于50ns，脉冲宽度20~200ms之间。

作为授时终端向用户提供的时间基准信号，PPS信号一般1s一个脉冲（频率1Hz），所以称为1PPS信号，其主要技术指标包括脉冲幅度、上升沿宽度、下降沿宽度和脉冲宽度。

1. 脉冲幅度

幅度是物理学名词，原指振幅，即物体振动或摇摆所展开的宽度。图2-2给出了脉冲幅度示意图，一般而言，脉冲幅度指顶量值与底量值的代数差，脉冲转换时为基线以上的电压电平。

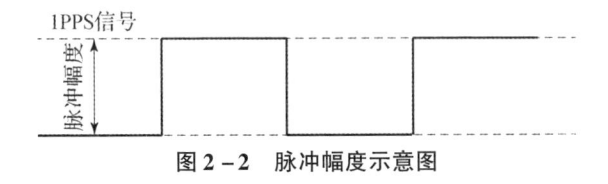

图 2-2 脉冲幅度示意图

2. 上升/下降时间

图 2-3 给出了脉冲上升/下降时间示意图。上升时间也称为上升沿宽度，是指脉冲瞬时值最初达到规定下限和规定上限两时刻的时间间隔，下限和上限一般规定为脉冲峰值幅度的10%和90%。同样，下降时间也称为下降沿宽度，是指脉冲瞬时值最初达到规定上限和规定下限两时刻的时间间隔。

图 2-3 脉冲上升/下降时间示意图

3. 脉冲宽度

脉冲宽度也简称为脉宽，不同领域，有着不同的含义。图 2-4 给出了脉冲宽度示意图。一般而言，脉冲宽度指电子领域中，脉冲能达到最大值持续的时间。对于 1PPS 信号，脉冲宽度为高电平持续的时间。

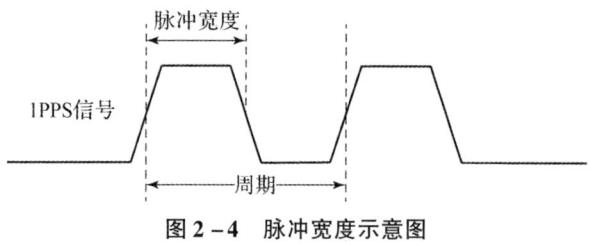

图 2-4 脉冲宽度示意图

占空比定义为脉冲高电平持续时间与周期的比值，在已知脉冲周期（频率）的情况下，可以通过占空比计算脉冲宽度。在测量过程中，一般先测量脉冲周期和脉宽，然后计算得到脉冲信号的占空比。

2.3 频率标准技术指标

频率标准主要指标准频率源，包括原子频标和晶体振荡器 2 种。频率标准中，都存在着不同的系统误差和随机误差，因此具体的分析和处理方法也不一样。随机误差的合成按照均方根的方法处理，而系统误差的合成则按照代数和的方法处理。前者反映的是由噪声引起的随机起伏，通常可以用统计的方法定量检测，很难被修正或消除；后者则可以通过测量、确定后被校正或修正。频率标准尤其是晶体振荡器存在着不同的系统误差，如老化现象、开机特性、频率的重现性、频率的准确度及其变化等。标准频率信号是由频率标准直接或间接产生的周期电信号，对于标准信号的频率、幅度等并没有严格的规定，常见的主要包括 1MHz、5MHz、10MHz、100MHz 等频率的正弦波信号。

本节我们重点介绍频率标准及信号的主要技术指标表征。

2.3.1 高稳石英晶体频率标准

高稳石英晶体频率标准是用途很广的频率源。由于它的短期稳定度相当好，同时设备可以做得很小，并具有抗震及价格便宜等优点，所以无论在工业、实验室、无线电电台，还是在国防科研试验以及空间技术，如在飞船、导弹和火箭的制导与跟踪等方面，都是不可缺少的频率源。

高稳定度晶体振荡器一般包含晶体电路、自动增益控制放大器、恒温控制和隔离放大器等部分。输出信号通过一个缓冲放大器馈送，缓冲放大器使负载与振荡器电路隔离。振荡器一般具有 2 个同轴温度控制系统，大部分部件置于恒温箱内，利用集成电路和微型电路技术，还可以把所有电路元件全部置于一个恒温控制的密封盒中。石英在压电效应的作用下产生振荡的电压，而振荡的电压又引起石英晶体的膨胀与收缩，从而产生周期变化的频率信号。石英的振荡频率由其本身的物理尺寸和晶体类型决定，对于高精度的应用来说，不存在能产生完全相同频率的晶体振荡器，都需要对其进行校准。晶体振荡器的输出频率一般为内部石英晶体的振荡频率或是由其倍增所得。

高稳石英晶体频率标准的性能指标主要取决于所用石英振荡器的质量，石英晶体振荡器种类繁多，设计各异，研制和生产高稳石英晶体频率标准的单位也很多，所以对高稳石英晶体频率标准分门别类给出各自的确切指标实属不易。一般而言，通常的产品达到 1s 取样时间 1×10^{-12} 的稳定度已不稀奇，例如，瑞士 8600 型高稳石英晶体频率标准在 1~100s 取样时间的稳定度可达 5×10^{-13}，10ms 和 100ms 的短期稳定度也达 3×10^{-11} 和 4×10^{-12}。

晶体振荡器对温度、湿度、压力和振动等环境参数较为敏感。当环境参数改变时，石英的振荡频率也会发生改变。晶体振荡器有几种特殊的类型可以降低环境因素的影响。

首先是恒温晶体振荡器（Oven Controlled Crystal Oscillator, OCXO），通过将晶体振荡器封装在恒温器中实现输出稳定的频率信号。恒温器可以为石英晶体提供温度变化较小的工作环境，一般有 2 种不同的恒温器——简单的开关式恒温器和比例式恒温器。开关式恒温器的工作原理是当温度达到预设的最高值时，关掉电源，当温度低于最低时打开电源。比例式恒温器比较复杂，它按照实际温度和期望温度比例的不同控制加热。高质量的比例式恒温器，在外界温度由 0℃ 变化到 50℃ 的过程中，晶振的频率变化小于 7×10^{-9}。

OCXO 从开始工作到输出频率稳定通常需要 24h 甚至更长时间。尽管如此，当 OCXO 加热 20min 以后，它还是能够达到与最终期望频率值 $\pm 5 \times 10^{-9}$ 的偏差以内。很多计数器都使用 OCXO，它们通常有一个共同特点，即只要电源是接通的，即使计数器没有处于工作状态，恒温器也在加热状态，只要保持计数器连接在电源上就可以减少 OCXO 预热所需的时间。

其次是温度补偿晶体（Temperature Compensated Crystal Oscillator, TCXO）。电感 L、电容 C 和电阻 R 使得晶体振荡器的振荡频率对温度敏感。因此，为了补偿由于温度改变引起的频率变化，可以通过控制一些外部附加电容或者采用相反温度系数元件等方法，来保证电路具有稳定的振荡频率输出，采用这种补偿方法构成的振荡器就称为 TCXO。TCXO 能够提供比一般的晶体振荡器更稳定的振荡频率，在环境温度从 0℃ 变化到 50℃ 时，其振荡频率仅仅改变 5×10^{-7}，比一般的晶体振荡器要好 5 倍。该类振荡器的性能不如 OCXO，但造价却比 OCXO 低很多。因此，TCXO 主要应用于不需要较大工作温度范围的小型便携式设备中。

第三种为智能控制温度补偿晶体振荡器（Microcomputer Controlled Crystal Oscillator，MCXO）。MCXO 使用微处理器和数字技术来实现温度补偿。MCXO 的性价比介于 TCXO 和 OCXO 之间。

2.3.2 原子频率标准

通常习惯性地把原子频率标准称为原子频标或原子钟。原子频标是以原子跃迁振荡为基准制造的具有高准确度和高稳定度的计时仪器。

目前铯、铷、氢 3 种原子钟较为成熟，用途也比较广泛。铯原子钟的主要特点是准确度高、长期稳定性好。例如，商业铯钟 5071A 的频率准确度达到 5×10^{-13}，5 天频率稳定度可达 1×10^{-14}；铷原子钟的优点是体积小、重量轻、便宜，缺点是稳定度不高，秒稳定度一般在 1×10^{-12} 以内；氢原子钟的优点是短期稳定度比较高，天稳定度可达 1×10^{-14} 以上，缺点是体积和重量比较大。

由于原子钟具有极高的准确度和稳定度，在人造卫星和导弹的制导、空间跟踪、数字通信、甚长基线射电干涉技术、相对论效应验证、地球自转不均匀研究、基本物理量定义和测量、无线电波传递速度测量以及电离层研究等领域均得到了广泛的应用。

目前，原子钟正向高准确度、小型化、多用化方向发展，并已出现一些新型钟，如光抽运铯束原子钟、芯片原子钟、铯原子喷泉原子钟和铷原子喷泉原子钟等。

1. 铯原子频率标准

铯原子频率标准是国际上规定的复现秒定义的标准装置，它的激励源是石英晶体振荡器，晶体振荡器的频率信号经过倍频、综合，达到铯原子特定能级的跃迁频率，在这个频率的电磁波激励下，铯原子产生相应的能级跃迁，经过跃迁信号探测、调节，使晶体振荡器最终输出一个稳定的标准频率。

1955 年，英国国家物理实验室埃森（Essen）等成功研制了世界上第一台铯原子频率标准，兼具石英晶体振荡器短期稳定度好和原子频率标准长期稳定度好的优点。1956年美国研制出商品铯钟。

传统型铯原子频率标准可分为磁选态型和激光抽运选态型2种。磁选态型铯原子频率标准研制成功更早，更成熟，并已商品化生产。被广泛应用的商品小铯钟就是磁选态型铯原子频率标准，约一个标准机箱大小，结构紧凑、坚固，搬运方便，典型产品为美国的5071A型铯钟。

实验室型铯原子基准钟是激光抽运选态型铯原子频标，用于在实验室做基准，准确度相对于商品小铯钟高，结构比较松散，固定于实验室使用。虽然激光抽运选态的铯钟采用了先进的激光技术，但在原理上仍与磁选态铯钟相近。美国国家标准技术研究院（National Institute of Standards and Technology, NIST）研制的光抽运铯束频标在实用中呈现的准确度已达 1×10^{-14}。另外，日本通信综合研究所（Communication Research Laboratory, CRL）、加拿大国家研究委员会（National Research Council Canada, NRC）、英国国家物理实验室（National Physical Laboratory, NPL）和中国北京大学都在积极开展这方面的研究。

2. 氢原子频率标准

氢原子频标依据工作机理可分为2种，即主动型（也可称为有源型或原子振荡器型）和被动型（也可称为无源型或原子鉴别器型）。主动型氢原子频标是自激振荡器型原子频标，它从氢原子中选出高能级的原子送入谐振腔，当原子从高能级跃迁到低能级时，辐射出频率准确的电磁波，将其作为频率标准。

被动型氢原子频标是无源型原子频标，由于其振荡器无须振荡，谐振腔的谱线Q值可以降低，通过自动调谐，又可将腔的失谐量控制在最小值，因此改善了长期性能，但短期稳定度比主动型差些。

3. 铷原子频率标准

铷原子频标由铷量子部分和压控晶体振荡器组成。压控晶体振荡器的频率经过倍频和频率合成，送到量子系统与铷原子跃迁频率进行比较。误差信号送回到压控晶体振荡器，对其频率进行调节，使其锁定在铷原子特有的能级跃迁所对应的频率上。

铷原子频标典型技术指标不如铯原子频标，但铷原子钟具有体积小、价格低、预热快和功耗小等特点，加上近年来对其在恶劣环境下的适应性、可靠性以及运行寿命等指标的改进，使得铷原子钟的适用领域更加广泛，如可用于机载、星载及其他战术武器上。

4. 频率基准装置

所谓频率基准，是指直接给出原子秒定义的复现值，并对复现值的不确定度具有独立评估能力的装置。依照1967年第十三届国际计量大会（General Conference on Weights and Measures，CGPM）通过的新定义，秒的定义从天文秒改为原子秒，即"秒是铯-133（133Cs）原子基态2个超精细能级之间跃迁对应辐射的9192631770个周期持续的时间"。自那时起，实验室型铯原子钟提供复现秒定义的手段，成为时间频率的计量基准装置。实验室型铯原子钟先后经历了磁选态和光抽运2种热原子束类型后，已发展为冷原子喷泉钟。

自1995年法国计量局（Sytèmes de Référence Temps Espace，SYRTE）率先报道成功研制激光冷却-铯原子喷泉时间频率基准装置以来，由于冷原子钟的优越性能，世界15个国家和地区的计量院先后开展了冷原子喷泉钟的研制工作。按研制工作进展水平，这15个国家和地区可以分作3个梯队：

第一梯队包括SYRTE研究所、NIST和德国物理技术研究院（Physikalisch Technische Bundesanstalt，PTB），评定不确定度达到$(1\sim2)\times10^{-15}$。

第二梯队包括中国计量科学研究院（National Institute of Metrology，NIM）、日本计量研究所（National Metrology Institute of Japan，NIMJ）、NPL和意大利计量研究所（Istituto Elettrotecnico Nazionale，IEN）。

第三梯队包括加拿大、瑞士、俄罗斯、韩国、中国台湾、印度、巴西和墨西哥。

总体说来，我国目前处于世界第二梯队前列的水平。中国计量科学研究院先后研制了三代磁选态铯束基准装置，1986年NIM3磁选态铯原子束钟经改造达到评定相对不确定度（以下简称不确定度）为$\Delta\nu/\nu_0=3\times10^{-13}$，进入当时世界先进行列。1997年在国家自然基金委的支持下开始激光冷却-铯原子喷泉钟第一阶段的研制工作。1999年国家科技部基础研究重大项目立项研制NIM4激光冷却-铯原子喷泉时间频率基准装置（2001DEA30028），2003年12月通过鉴定，不确定度为9×10^{-15}，2005年经过改进后达到运行率为95%，不确定度为3×10^{-15}的水平。2003年起国家科技部基础研究重大项目立项研制NIM5-M可搬运激光冷却-铯原子喷泉时间频率基准装置（2005CB724504），同时签订合同并为总装备部研制NIM5-M1台（2004JL1024）。NIM5和NIM5-M的主要技术指标是：运行率为95%，合成评定不确定度为5×10^{-15}。

与中国计量科学研究院不同，上海光机所开展的是铷冷原子喷泉钟研究。他们认为，影响喷泉钟准确度的主要因素之一是碰撞频移，铷原子要比铯原子小 30～100 倍，因而性能会更高。因此，他们选取铷原子作为喷泉钟的工作物质。

2.3.3 主要技术指标

1. 频率准确度

频率准确度是时间频率计量的一个很重要的指标，定义为

$$A = \frac{f_x - f_0}{f_0} \tag{2-1}$$

式中：f_x 为被测频率标准的实际频率值，f_0 为标称频率值。可以看出，当被测频率偏差越大，A 越大，即频率准确度越差。因此，采用式（2-1）表达的频率准确度实际是频率不确定度。频率准确度是描述频率标准输出的实际频率值与标称频率的相对偏差。但在测量时无法得到标称频率，只能以参考频率标准的实际频率值作为标准来测量被测源的实际频率值，这就要求参考频率标准的准确度应比被测频率高一个数量级以上。

2. 老化率

受各种因素影响，频率标准产生的信号并不是一个定值，而是随着时间变化而朝着某一方向变化的。单位时间内平均频率的相对漂移量称为漂移率，对于晶体振荡器一般称为老化率，而对于原子频标一般称为漂移率。这种由频率源内部器件的老化效应造成的平均频率的单方向变化，具有系统误差的特性，可以准确地测量，并且能够根据测试的结果进行修正或校准频率源的准确度。

大多数频率标准需要经过足够的时间预热后再进行连续工作，在一段时间内频率的漂移呈现近似的线性变化。例如，高稳定度的晶体振荡器，其频率的漂移随着通电工作时间的延长而逐渐改善。漂移率如果以日为时间单位，就称为日漂移率，或者称为日老化率。同样，也有周漂移率、月漂移率、年漂移率等。对于晶体振荡器，使用最多的是日老化率，近年来也大量出现对年老化率的测量和使用。在我国的高稳定度晶体振荡器检定规程和原子频标主要技术指标规定中，日老化率和月漂移率均采用最小二乘法计算。老化率的表征和测量，要求在足够的时间预热后，老化效应的频率漂移是单方向变化的，也就是一个频率源要么具有正的漂移率，要么具有负的漂移率，并且在短时间内基本呈现线性变化规律。原子频标基本符合上述条件，大多数晶体振荡器在一定时

间预热后也有一定的规律，短时间内可近似为线性。

在上述前提下，频率随时间的漂移率可以用直线方程表示为

$$f(t) = a + b(t) = \bar{f}_i + b(t_i - \bar{t}_i) \qquad (2-2)$$

式中：$\bar{f}_i = \dfrac{1}{m}\sum\limits_{i=1}^{m}f_i$ 为 m 个测量频率的平均值；$\bar{t}_i = \dfrac{1}{m}\sum\limits_{i=1}^{m}t_i$ 为 m 个测量时序的平均值；t_i 为测量时序，i 取 1，2，3，…，m（晶振为 15）。

典型晶振频率随时间漂移曲线如图 2-5 所示。实验表明，晶振的老化率多以对数或抛物线形式老化，在短时间内，老化漂移一般可近似为线性。从图 2-5 中可以看出，频率值随时间变化曲线包含 2 部分：一部分是直线 1，为理想的单方向线性漂移；另一部分是相对于线性漂移直线的频率起伏，与直线 1 构成实际曲线 2，该起伏反映的是输出频率的稳定度，是由晶振中调频闪变噪声引起的。调频闪变噪声可以影响取样时间极长的范围，甚至影响数日乃至数月范围内的频率输出。

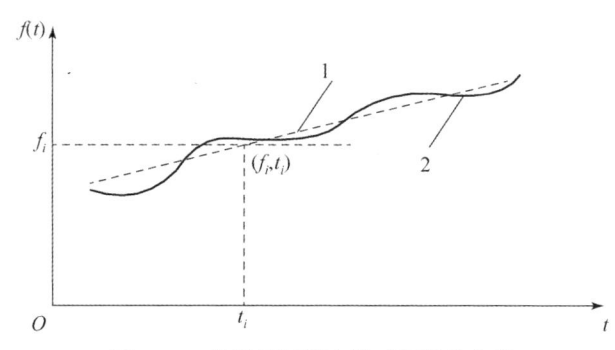

图 2-5 典型晶振频率随时间漂移曲线

老化率的频率漂移直线的斜率 b 可以用最小二乘法来得到，最小二乘法就是最小平方法，它使得实测频率值到此直线之间距离的平方 $(f_i - f(t))^2$ 之和为最小。

令

$$y = \sum_{i=1}^{N}(f_i - f(t))^2 \qquad (2-3)$$

将式 (2-2) 代入式 (2-3)，得到

$$y = \sum_{i=1}^{N}(f_i - \bar{f}_i - b(t_i - \bar{t}_i))^2 = \sum_{i=1}^{N}((f_i - \bar{f}_i) - b(t_i - \bar{t}_i))^2 \qquad (2-4)$$

最小二乘法要求 $y = y_{\min}$，即应该满足 $\mathrm{d}y/\mathrm{d}b = 0$。$y$ 对 b 取导数，并令其等于 0，即

$$\frac{dy}{db} = \sum_{i=1}^{N} 2(f_i - \bar{f}_i - b(t_i - \bar{t}_i))(-1)(t_i - \bar{t}_i) =$$
$$\sum_{i=1}^{N} 2((f_i - \bar{f}_i)(t_i - \bar{t}_i) - b(t_i - \bar{t}_i)^2) = 0 \quad (2-5)$$

斜率为

$$b = \frac{\sum_{i=1}^{N}(f_i - \bar{f}_i)(t_i - \bar{t}_i)}{\sum_{i=1}^{N}(t_i - \bar{t}_i)^2} \quad (2-6)$$

式中：$\bar{t}_i = \frac{1}{m}\sum_{i=1}^{m} t_i$；$\bar{f}_i = \frac{1}{m}\sum_{i=1}^{m} f_i$；$i$ 为取样自然序列 1，2，3，…，N。式（2-6）即为最小二乘法计算频率漂移率的基本公式，b 代表频率漂移率直线的斜率。老化率为

$$k = b\frac{n}{f_0} \quad (2-7)$$

式中：n 为一天采样次数，即 $n = \frac{24h}{\text{取样周期}}$；$f_0$ 为频率标称值。则

$$k = \frac{n\sum_{i=1}^{N}(f_i - \bar{f}_i)(t_i - \bar{t}_i)}{f_0\sum_{i=1}^{N}(t_i - \bar{t}_i)^2} \quad (2-8)$$

式（2-8）即为高稳定度晶体振荡器检定规程中给出的频率老化率基本公式。

由于频率值随时间的变化并不仅仅是线性的，往往是对数或倒数规律，因此，从理论上讲，每天测量的次数 n 越大越好。但是，从实际测量和计算的方便程度来讲，希望 n 的数值越小越好。通过实验表明，每天测量的次数为 2 次即可满足要求。所以，式（2-8）简化后，测量 H 天的日老化率 K_{DH} 的基本简化公式可表示为

$$K_{DH} = \frac{2\sum_{i=1}^{N}(f_i - \bar{f}_i)(t_i - \bar{t}_i)}{f_0\sum_{i=1}^{N}(t_i - \bar{t}_i)^2} \quad (2-9)$$

原子频标的日漂移率远远小于晶体振荡器，因此，一般按月漂移率给出。而且原子频标多呈现线性规律，那么，其月漂移率可以用日漂移率来推算，即

$$K_M = 30K_{DH} \quad (2-10)$$

从更长时间刻度来看，高稳晶体振荡器的老化率呈现随着加热时间的延长而越来越小的特点。因此，在计算年老化率时，一般在日老化率的基础上乘以系数100。

3. 日频率波动

日频率波动是指频率标准经过规定的预热时间后，在24h内频率值的最大变化率，可表示为

$$S = \frac{f_{max} - f_{min}}{f_0} \tag{2-11}$$

式中：f_{max} 为测得的频率最大值；f_{min} 为测得的频率最小值；f_0 为频率标准的频率标称值。

日频率波动有的反映老化效应曲线中的某一段，有的则反映调频闪变噪声（$1/f$ 噪声）的影响。一般来说，在预热不太长的时间内，日频率波动反映输出频率的最大变化，主要为单方向老化漂移。在此情况下，f_{max} 和 f_{min} 都在测量时间内的两端。另外，在各种频标中，调频闪变噪声有很慢的变化成分（周期可以达到1年），这种噪声会对取样时间为小时、天的频率稳定度产生影响，而在测日频率波动时，一般包含着一天内的最大频率变化，不做进一步区分。所以，对某些调频闪变噪声大的晶体振荡器，或在测量预热时间长的晶体振荡器的日频率波动时，f_{max} 和 f_{min} 会出现在不同的地方，如图2-6所示。对于以单方向频率漂移为主的频率源，由于对数老化规律，一般预热时间越长，日频率波动越小。

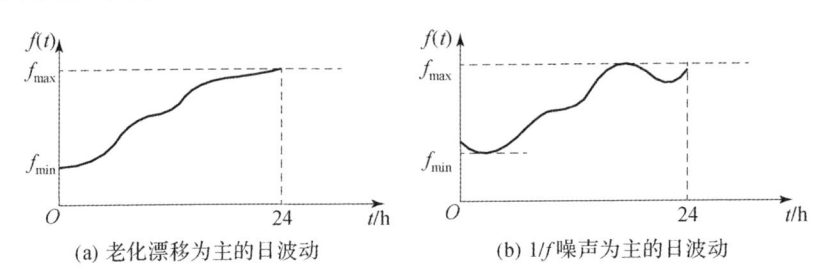

图2-6 日频率波动曲线

(a) 老化漂移为主的日波动　　(b) $1/f$ 噪声为主的日波动

对于日频率波动的测量，如果用普通的计数式测量仪器，均采用10s以上的取样时间，以提高测量的分辨率，取样周期一般是1h。值得注意的是，因为日频率波动常常可以表现为老化率、频率稳定度等几个部分的综合影响，有的国家已经不再将日频率波动作为一个专门的技术指标，我们国家的部分规程和产品技术指标中仍然沿用此参数。

4. 开机特性

开机特性是指频率标准经过初步预热后，其输出频率相对于标称频率的最大变化量，可表示为

$$V = \frac{f_{\max} - f_{\min}}{f_0} \qquad (2-12)$$

式中：$f_{\max}$ 为测得的频率最大值；$f_{\min}$ 为测得的频率最小值；f_0 为频率标准的频率标称值。

开机特性是在整机开机 1h 后，连续每小时测量一次的高分辨率测量。如果用计数测量的方法，取样时间应满足 $\tau \geq 10s$，连续测量 7h，得到 8 个数，然后按照式（2-12）计算出开机 1h 后 4h 内频率的最大变化，以及开机 4h 后 4h 内频率的最大变化。另外，部分场合也要求有开机 3h 后 8h 内和开机 6h 后 8h 内的开机特性测量。

尤其对于计数器内的晶体振荡器来说，开机特性是一个很重要的指标。因为在计数器使用方面，往往希望开机后经过尽量短的预热时间就可以使用计数器，并且知道晶振此时的指标。对于不同的晶振，开机特性也是不相同的，即使同一只晶振，在重复测试时获得的结果也有可能不同。但是，对于同一只晶振，多次测量中的开机特性一般都在一定的范围内，如图 2-7 所示。

近年来，由于精密的 SC 切晶体的大量使用，高稳定度的晶体振荡器开机特性指标大大提高，预热时间大大缩减，另外，原子频标往往也需要 0.5h 以上的预热时间。因此，在使用过程中可以根据具体情况选择合适的频率标准。

5. 频率重现性

频率重现性是指在给定的条件下，频率准确度在重新开机一段时间后与频率原

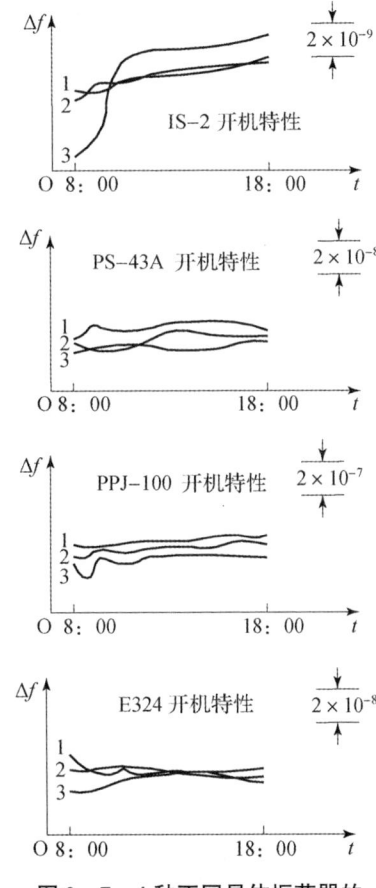

图 2-7 4 种不同晶体振荡器的开机特性曲线示意图

值的符合程度，也就是频率标准连续工作一段时间 T_1 后的频率值 f_1 与关机一段时间 T_2 再开机一段时间 T_3 后的频率值 f_2 的相对差值，可表示为

$$R = \frac{f_2 - f_1}{f_0} \qquad (2-13)$$

式中：f_1 为关机前的频率值；f_2 为再次开机一段时间后的频率值；f_0 为频率标准的频率标称值。

无论是哪种频率标准，一般都规定了 $T_1 = T_3 =$ 规定的预热时间，也就是两次开机后，都要经过规定的预热时间才可测试频率值。至于 T_2，对于高稳晶振规定为 48h，对于普通计数器内的晶振规定为 24h，这是由于高稳晶振恒温槽的冷透时间比较长。晶体振荡器的断电时间（T_2）不一样，频率重现性差别更大，一般情况下，开机特性好的晶振，频率重现性也比较好。

6. 频率稳定度

在频率准确度评定和校准之后，需要由信号源的频率稳定度来保证其准确度不变。因此，频率稳定度是评价一个频率标准质量好坏的重要参数。一般来说，由老化造成的频率单方向漂移以及环境温度、电压、负载等影响量造成的频率系统变化，在很大程度上存在一定的规律，可以通过技术措施加以消除、修正。而频率随机变化则要利用统计学方法进行估算、处理，对频率随机变化的定量描述称为频率稳定度。

一些频率源中存在调频闪变噪声和调频随机游走噪声，使频率的不稳定性不像一般的随机误差那样服从高斯分布，因此不具有单峰性、对称性和抵偿性，其统计平均值随时间变化。随着计量次数的增加，其随机误差总和不是越来越小直至趋近于零，而是越来越发散。因此，不能用经典的统计方法即标准偏差来表征频率稳定度。

目前，应用的频率稳定度表征有 2 种，即频域表征和时域表征。频域表征用相对频率起伏的功率谱密度来表征，它表现为信号的频谱纯度；时域表征用阿仑方差来表征，表现为频率平均值的随机起伏。频域表征和时域表征在数学上是一对傅氏变换，是等效的。实际应用中，两者都存在人为的条件限制，借以克服不收敛的问题，所以在数学计算上不够严格，物理意义上不够明确，但用来比较各个频率源质量的优劣还是非常适合的。

一台稳定的标准频率源的瞬时输出电压 $U(t)$ 可以表示为

$$U(t) = (U_0 + \varepsilon(t))\sin(2\pi f_0 t + \varphi(t)) \qquad (2-14)$$

式中：U_0 为标称振幅；$\varepsilon(t)$ 为振幅起伏，一般 $\varepsilon(t) \ll U_0$，故可以忽略；f_0 为标称频率或长期平均（统计平均）频率；$\varphi(t)$ 为相位起伏，通常 $\varphi(t) \ll 2\pi f_0 t$。

用 $y(t)$ 表示标称频率 f_0 的瞬时频率起伏,则

$$y(t) = \frac{\varphi(t)}{2\pi f_0} \quad (2-15)$$

瞬时频率 $f(t)$ 为

$$f(t) = f_0(1 + y(t)) \quad (2-16)$$

因此,$y(t)$ 的大小包含了频域和时域频率稳定度的全部信息。

1) 频域稳定度表征

在频域,有

$$\langle (y(t))^2 \rangle = \int_0^\infty S_y(f) \mathrm{d}f \quad (2-17)$$

式中:f 为傅里叶频率,$\langle \cdot \rangle$ 表示在无限长时间内的平均。将 $y(t)$ 看作随机电压时,式 (2-17) 左边相当于 1Ω 电阻上的平均功率。所以,$S_y(f)$ 是瞬间相对频率起伏 $y(t)$ 的功率谱密度。用频谱分析仪测量出功率谱密度,就可以表征信号源的频率稳定度。在精密频率源的相位噪声测量中,一般用测量信号 1Hz 带宽内的相位噪声调制单边带功率与总信号功率之比 $\Gamma(f)$ 表征,即

$$\Gamma(f) = \frac{1\text{Hz 带宽内信号的相位噪声调制单边带功率}}{\text{总信号功率}} \quad (2-18)$$

最简单的单边带相位噪声的测量方法是零拍法,零拍法相位噪声测量原理如图 2-8 所示。

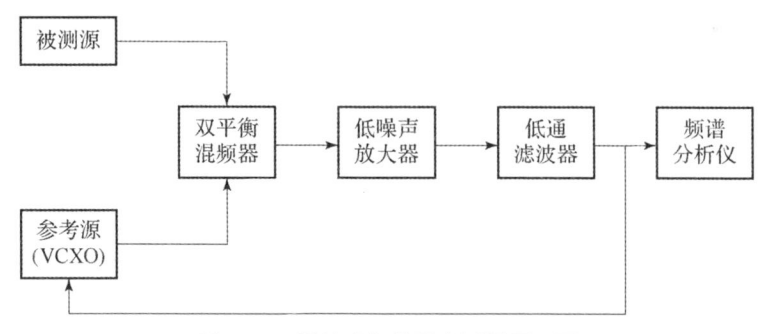

图 2-8 零拍法相位噪声测量原理图

把被测信号与同标称频率的标准信号一起加到鉴相器中进行鉴相,鉴相器是由双平衡混频器组成的低噪声鉴相器,它只响应于相位变化,与输入信号的幅度无关。鉴相器的输出是一个无规则起伏的噪声电压,经过放大、低通滤波后,用波形分析仪或频谱分析仪分析噪声频谱,并选出不同频偏 f_m 上的相位噪声电压,通过计算就可以得到 $\Gamma(f_m)$ 的值。那么,偏离被测频率 f_0 为 f_m 时,单边带相位噪声谱密度为

$$\Gamma(f_m) = 20\lg\left(\frac{U_x(f_m)}{K_\varphi A\sqrt{2}\sqrt{B}}\right) \qquad (2-19)$$

式中：K_φ 为鉴相器灵敏度（V/rad）；A 为低噪声放大器增益；B 为频谱分析仪带宽（Hz）；$U_x(f_m)$ 为调谐到 f_m 上波形分析仪测出的电压有效值。

2）时域稳定度表征

在时域，用计数器进行实际测量时，得不到 $y(t)$，只能得到一段时间 τ 内的平均值 y_τ，即

$$y_\tau = \frac{\varphi(t+\tau) - \varphi(t)}{2\pi f_0 \tau} \qquad (2-20)$$

频率稳定度就是 $y_\tau(t)$ 的起伏程度，可以用随机过程（平稳的或不平稳的）来研究和处理，对于这种问题，广泛采用的是方差表示法。该方法可以综合地表示随机变量分布中由噪声引起的、变化的各种可能频率值相对于频率平均值的差异程度。

在统计学上，对于方差的定义都是以无穷多次测量为准的，作为一个重要的统计量，测量次数越多，测得的结果就越精确。如果没有这个前提，任何有限次测量得到的结果都是没有意义的。用数学的语言来说，只有无限多次测量的极限存在，有限次测量的结果才能被看作是这个极限的近似值。按照一般的误差理论，标准方差定义为

$$\sigma^2 = \lim_{N\to\infty} \frac{1}{(N-1)f_0^2} \sum_{k=1}^{N} (f_k - \bar{f}_N)^2 \qquad (2-21)$$

只有标准方差极限存在的前提下，其近似值可表示为

$$\sigma_y^2(N, T, \tau) = \frac{1}{(N-1)f_0^2} \sum_{k=1}^{N} (f_k - \bar{f}_N)^2 \qquad (2-22)$$

式中：f_0 为比对频率源的标准频率值；N 为测量的次数；$\bar{f}_N = \frac{1}{N}\sum_{k=1}^{N} f_k$ 为 N 次测量的平均频率值。式（2-22）中用 $N-1$ 而不是 N，是为了满足无偏估计条件。

广义阿仑方差定义为

$$\langle \sigma_y^2(N, T, \tau) \rangle = \left\langle \frac{1}{(N-1)} \sum_{i=1}^{N} \left(y_{\tau i, T} - \frac{1}{N} \sum_{i=1}^{N} y_{\tau i, T} \right)^2 \right\rangle \qquad (2-23)$$

式中：N 为 y_τ 的个数；τ 为平均时间；T 为取样周期。广义阿仑方差与标准方差的物理意义根本不同，式（2-22）描述相对于 N 次测量的平均频率值 $\bar{f}_N$（$= \lim_{N\to\infty} \bar{f}_N$）的偏差。如果式（2-23）的极限存在，某一时间测定的广义阿仑方差基本上可以描述任何时候的广义阿仑方差，不同时间的广义阿仑方差描述了围绕不同平均值 $\bar{f}_N$ 的方差，但平均值 $\bar{f}_N$ 本身却是起伏变化的。这种起伏

不是老化漂移，也不是外界环境的影响，而是由调频闪变噪声中慢变化成分造成的。当然，调频闪变噪声中也有快变成分，它们对广义阿仑方差的大小也有影响。

广义阿仑方差与 N，T，τ 3 个参数有关，不便应用，所以一般用狭义阿仑方差（简称阿仑方差）作为描述频率稳定度的参数。狭义阿仑方差是广义阿仑方差在 $N=2$，$T=\tau$ 时的特殊情况，也就是无间隔取样的广义阿仑方差。阿仑方差可以写成

$$\sigma_y^2(\tau) = \langle \sigma_y^2(2,\tau,\tau) \rangle = \left\langle \frac{(y_{i+1} - y_i)^2}{2} \right\rangle \tag{2-24}$$

可以看出，阿仑方差仅依赖于平均时间 τ。由于无法无限长时间内取平均，只能用有限时间的估计值代替，进而得到阿仑方差的近似公式为

$$\sigma_y(\tau) = \sqrt{\frac{1}{m} \sum_{i=1}^{m} \frac{(y_{i+1} - y_i)^2}{2}} \tag{2-25}$$

式中：m 为取样的组数，如果全部无间隔取样，则取样个数为 $m+1$，如果相邻 2 次测量为一组，组内无间隔，组间有间隔，则取样个数为 $2m$。

阿仑方差避免了上述发散问题，且容易计算，因此得到广泛应用，是目前最常用的衡量频率随机起伏的量。对多数频率源而言，这个方差都非常实用，所以电气电子工程师学会（the Institute of Electrical and Electronics Engineers，IEEE）推荐用阿仑方差作为频率稳定度时域表征的指标。

实际应用中，阿仑方差的计算公式为

$$\sigma_y(\tau) = \frac{1}{f_0} \sqrt{\sum_{i=1}^{m} \frac{(y_{i+1} - y_i)^2}{2m}} \tag{2-26}$$

式中：y_i 和 y_{i+1} 分别是第 i 次和第 $i+1$ 次测量的频率值，f_0 为被测频率源的频率标称值。

目前的各种频率源，尤其是晶体振荡器，都具有很好的短期频率稳定度指标。例如，日老化率为 $10^{-8} \sim 10^{-10}$ 的高稳定度晶体振荡器的秒级频率稳定度常常可以达到 $10^{-11} \sim 10^{-12}$ 量级。所以，对它们的测量就需要具有很高的测量分辨率和精度，常使用高分辨率频标比对器，这样的高分辨率比对往往只是针对特定的 100kHz、1MHz、2.5MHz、5MHz、10MHz 等频率值，测量时使用的闸门时间也是规范的 1ms、10ms、100ms、1s、10s 等，相对应的测量组数为 $m = 100$、100、100、100、30 等。

注意，测量时，要求标准频率源的频率稳定度应优于被测频率源 3 倍以上，同时也要求频率测量装置的测量精度与标准频率源的指标相适应。

第3章 时间统一系统

2010年4月29日，军用标准时间（China Military Time Coordinated, CMTC）通过北斗卫星导航系统正式对外发播，提供统一的高精度标准时间信号，覆盖范围达到 E55°~E180°、S55°~N55°，单向授时不确定度优于50ns、双向授时不确定度优于10ns，随着北斗全球系统的投入使用，军用标准时间的发播范围将遍及全球。2011年12月，"长河二号"系统6个台站全部完成向军用标准时间溯源的工作，开始发播军用标准时间，覆盖我国沿海地区距台站800~1500km以内的范围，不确定度达到1μs。2013年，完成军用标准时间授时监测试验系统建设，初步具备了北京地区"北斗二号"卫星无线电测定服务（Radio Determination Satellite Service, RDSS）和"长河二号"系统授时的监测能力。2016年，军用时频新守时系统完成建设，并于6月完成新、老守时系统平稳切换。2020年，随着"北斗三号"卫星导航定位系统的正式开通，军用标准时间的发播已覆盖全球。

军用标准时间是中国人民解放军标准时间频率中心保持的协调世界时，为全军统一的时间基准，在日常战备、训练演习和完成多样化任务中逐步得到推广和应用，在国民经济和公共安全领域也得到一定应用，如国家电网、人防指挥信息系统和公安部时间统一系统等。

北斗时间系统（BeiDou Time System, BDT）属于原子时系统，其秒长是由地面主控站、监控站和卫星上所有的原子钟，通过比对测量，得到的实时运控的时间尺度，并受军用标准时间驾驭。

BDT 的起始历元为2006年1月1日协调世界时00时00分00秒，该时刻为 BDT 的原点，此刻，国际规定 $t_{DTAI} = t_{TAI} - t_{UTC} = 33s$。BDT 是（地方）原子时，不做闰秒调整，任何时候（在整数秒上）与 TAI 相差33s，即

$$t_{TAI} - t_{BDT} = 33s \qquad (3-1)$$

累积 BDT 的86400s为1日，累积604800s为1个星期（周）。2006年1月1日0时（协调世界时）所在的"星期"为起始周（0周），不间断累加计数。

需要指出的是，在北斗卫星无线电导航服务（Radio Navigation Satellite Service, RNSS）导航电文中，存储 BDT 周计数（Week Number, WN）数值的

寄存器比特位数是13bits，对应的"周数"就只能为0~8191周（约158年）。因寄存器比特位数受限制导致的重新置零，会使电文中的BDT"WN"数值出现"0周"和类似GPS千年虫问题。不过，北斗WN电文中出现0周的概率远比GPS小，158年才会出现一次，这也是北斗系统导航电文设计时从GPS吸取的经验教训。

BDT的"周内秒计数"（Second of Week，SOW）也是北斗RNSS业务（导航电文）中使用频繁的时间计量单位。在北斗RNSS业务D1、D2卫星导航电文中，每一子帧的第10~26比特和第31~42比特（共20bits）给出的SOW计数值最小为0，最大值不超过604800s，与BDT的秒一一对应。该SOW计数值在每星期0时0分0秒（BDT）从0开始该周的SOW计时，累加递增，经过一周后再次返回到0。清零的同时，BDT的星期数（WN）递增1，0秒时刻成为该星期的SOW计时的"参考原点"，即周内时间的"历元"。需要指出的是，北斗导航电文在1超帧结构中有24个主帧，每个主帧又包含5个子帧。在D1电文中，SOW对应的秒时刻是指本子帧同步头的第一个脉冲上升沿对应的时刻；D2电文中，SOW对应的秒时刻为当前主帧子帧1同步头的第一个脉冲上升沿对应的时刻。

BDT不仅有RNSS业务的WN整周计数和SOW周内秒计数，在北斗RDSS业务中，BDT也以"整年计数（Year Number，YN）"和"年内分钟计数（Minutes of Year，MOY）"计量时间。RDSS业务每超帧的第1~129帧包含了广播与授时相关的参数，如年内分钟计数、整年计数、BDT与协调世界时之间的整数秒差（闰秒）以及小于1s的时差改正值等。需要注意的是，北斗RDSS业务比RNSS业务要早，现在的RDSS业务的YN是以2006年为0年开始计数的，而2011年之前是以2000年为0年开始计数的；现在RDSS业务中的MOY是以BDT为岁首的，2011年之前则以（协调世界时+8小时）时刻为岁首时刻。因此，使用老北斗设备的用户要考虑这些差别对北斗授时的影响。

每颗北斗卫星按照本卫星时钟驱动卫星信号发射，在卫星播发的导航电文中发播74bits的卫星钟差参数（toc，a_0，a_1，a_2），可以通过测算码元相位和钟差参数改正，获得接收设备计算复现的BDT。BDT是表征、控制北斗系统运行的"系统时间"，由此可以转换获得协调世界时等其他各种标准时间和系统时间。由于这些"导航系统时间"非常稳定，因此可以非常精确和方便的换算出通用的标准时间协调世界时。协调世界时作为国际上统一的（共同参考的）法定时间，是标准时间频率信号协调联播的基础，也是ISO国际标准8601-2004和中国国家标准GB/T7408-2005规定"信息交换"（国际）通用"日期和时间表示"的参考（源）标准。

BDT 通过协调世界时中国国家授时中心保持的协调世界时（UTC（NTSC））与国际协调世界时建立联系，BDT 与协调世界时时间差分为"整数秒部分"和"小数秒部分"，BDT 与协调世界时的偏差保持在 100ns 以内（模 1s），BDT 与协调世界时之间的闰秒信息在导航电文中播报，即 BDT 与协调世界时差值的"小数秒部分"保持在 100ns 以内，故也称为秒内偏差。差值的"整数秒部分"存在关系可表示为

$$t_{BDT} = t_{UTC} + t_{DTAI} - 33s \qquad (3-2)$$

式中：$t_{DTAI} = t_{TAI} - t_{UTC}$（整秒）为国际文件定义的，数值随协调世界时发生闰秒事件而不断变化，并由国际授时组织适时公布和预报。2013 年 5 月，t_{DTAI} = 35s，$t_{BDT} \approx t_{UTC} + 2s$，也就是说，标示某一事件的发生时刻，用 BDT 要比协调世界时计量的时刻提前 2s，BDT 的"星期"历元也比协调世界时要早 2s。随着协调世界时闰秒的增多，该数值也会不断变化，其他如岁首、月初、闰秒发生时刻等，都是如此。

本教材中，时间统一系统主要指军用标准时间系统，包括守时、授时、用时以及支撑系统。本章重点介绍军用标准时间守时系统及卫星授时系统。

3.1 守时系统

军用标准时间守时系统是"十五"技术基础重点项目，于 2001 年立项，经过 5 年的研制建设和技术攻关，2006 年顺利建成并通过验收。2009 年 11 月 19 日，中央军委签发相关规定，做出明确要求：全军所有单位组织实施作战行动、军事训练、战备值勤（执勤）、科学试验等军事行动和各类保障活动必须使用军用标准时间。

2014 年以来，先后与中国计量科学研究院、中科院国家授时中心分别建立了基于远程光纤和卫星共视的比对链路，完成了与国内 4 家守时实验室之间阶段性的卫星双向时频比对试验工作，军用标准时间与国际协调世界时的时间偏差可保持在 50ns 以内。

3.1.1 系统组成与功能

军用标准时间守时系统组成如图 3-1 所示，主要由原子钟组、钟差测量、相位比对、外部时间比对、实时协调世界时控制、数据管理、原子时处理、系统监控、频率校准及网络时间同步等分系统组成。

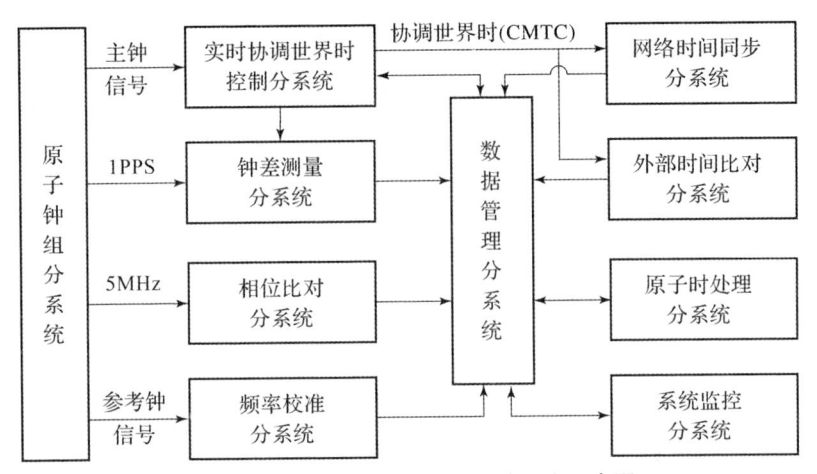

图 3-1 军用标准时间守时系统组成示意图

各分系统的主要功能描述如下：

（1）原子钟组分系统是守时系统的核心部分，由高性能氢、铯原子钟组成，输出秒信号和频率信号。

（2）钟差测量分系统完成各原子钟输出秒信号之间的时差比对，提供综合原子时计算的原始测量数据。

（3）相位比对分系统完成各原子钟输出频率信号之间的相位比对，用以计算各原子钟的短期频率稳定度。

（4）外部时间比对分系统通过卫星双向、卫星共视等方法，实现军用标准时间与其他守时系统时间的比对。

（5）实时协调世界时控制分系统根据综合原子时计算结果，控制修正主钟频率，输出实时协调世界时即军用标准时间 CMTC 信号。

（6）数据管理分系统承担着数据库的存储、查询、备份、删除等管理工作。

（7）原子时处理分系统完成综合原子时计算、原子钟性能分析、时间尺度分析、原子时公报编制等工作。

（8）系统监控分系统完成整个守时系统各设备重要参数、运行状态的监视显示与指令控制。

（9）频率校准分系统通过对参考钟频率信号进行精确校准，实现对军用标准时间的频率驾驭控制。

（10）网络时间同步分系统向各授时系统提供军用标准时间授时信号与参数，并通过网络、电话等途径实现军用标准时间的发播。

军用标准时间守时系统具备的主要功能有：

(1) 军用原子时与军用标准时间的建立、保持与精度评估。
(2) 利用铯频率基准对军用标准时间进行频率校准。
(3) 军用标准时间实时信号的控制与输出。
(4) 钟组内各原子钟的时域和频域性能分析。
(5) 向军用标准时间授时系统提供相应授时服务。
(6) 军用标准时间发播信号的实时监测。
(7) 提供原子时公报服务（包括地球自转参数解算）。
(8) 完成与其他守时系统之间的高精度时间比对与数据交互。
(9) 完成与国际上几个主要时间尺度的比对分析。
(10) 完成实验室所有数据的管理、备份与维护。
(11) 系统在线运行设备的状态监控。

3.1.2 系统原理

1. 工作原理

军用标准时间守时系统工作流程如图 3-2 所示。

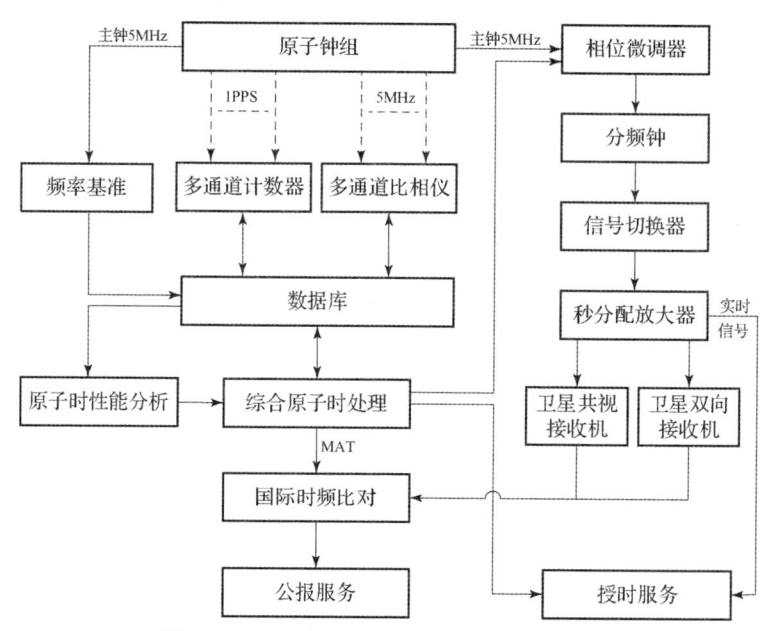

图 3-2 军用标准时间守时系统工作流程图

原子钟是守时系统的核心设备，由高性能氢、铯原子钟组成。原子钟组输出秒信号和频率信号，由钟差测量分系统和相位比对分系统分别完成原子钟输出秒信号的钟差测量和频率信号的相位比对，原始测量数据发送至数据库进行存储，同时发送至系统监控分系统进行监视。根据原始测量数据，进行原子时性能分析，利用钟差测量数据和原子时性能分析结果，通过加权平均算法计算得到军用原子时（Military Atomic Time，MAT）。实时协调世界时控制分系统根据综合原子时计算结果，控制相位微调设备对主钟输出频率进行相位调整，并分频输出军用标准时间信号。频率校准分系统，通过铯喷泉频率基准装置，实现对军用时频中心实验室各原子钟及军用原子时定期的频率校准。外部时间比对分系统通过卫星共视、卫星双向等手段，实现军用标准时间与其他实验室保持时间的比对，比对结果发送至数据库进行存储和处理。

2. 数据流程

军用标准时间守时系统的数据流程如图 3 – 3 所示。

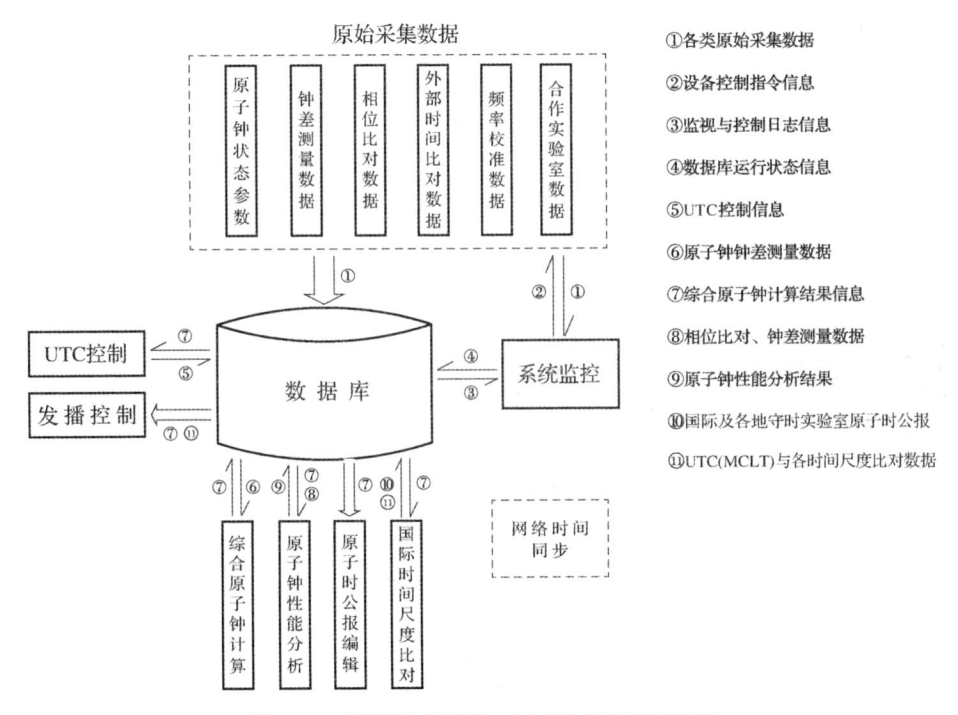

图 3 – 3　军用标准时间守时系统的数据流程图

① 各类原始采集数据
② 设备控制指令信息
③ 监视与控制日志信息
④ 数据库运行状态信息
⑤ UTC 控制信息
⑥ 原子钟钟差测量数据
⑦ 综合原子钟计算结果信息
⑧ 相位比对、钟差测量数据
⑨ 原子钟性能分析结果
⑩ 国际及各地守时实验室原子时公报
⑪ UTC(MCLT) 与各时间尺度比对数据

数据库是整个系统数据交换的核心。所有原始采集数据均发送至数据库进行存储，同时发送至系统监控单元进行监控显示；系统监控单元接收数据库实时工作状态信息，并将监视、控制与报警信息发送至数据库存储；数据处理相关软件均从数据库中提取综合原子时计算结果，包括各原子钟模型信息、与其他时间尺度比对信息等,并将处理结果发回数据库存储;协调世界时控制根据综合原子时计算结果,控制主钟频率改正,并将控制结果发回数据库存储;发播控制从数据库提取最新计算得到的军用标准时间与协调世界时(NTSC)、GPS时(GPS Time,GPST)等时间偏差,并发送至"北斗二号"时间频率系统进行发播。

3.1.3 分系统组成及原理

1. 原子钟分系统

原子钟组分系统结构如图3-4所示,主要包括守时原子钟组、温湿度传感器、原子钟数据采集计算机、温湿度数据采集计算机。

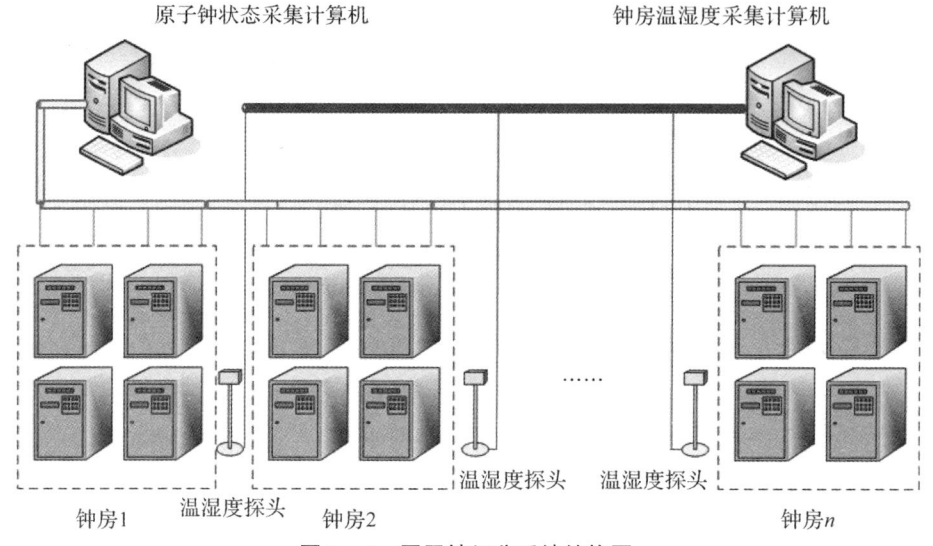

图3-4 原子钟组分系统结构图

守时原子钟组由氢原子钟和铯原子钟组成,用以产生脉冲和频率信号;温湿度传感器对各钟房温湿度状态进行实时监控;原子钟数据采集计算机通过串口采集守时原子钟组内各原子钟的状态信息;温湿度数据采集计算机采集温湿度探头的监控信息。

原子钟房位于地下的电磁屏蔽间内,原子钟数据采集计算机通过串口对原子钟进行参数采集和状态监视。温湿度数据采集计算机通过专用接口与各钟房的温湿度探头连接,完成钟房环境参数的采集。

原子钟组分系统主要的功能是:输出连续稳定的秒信号和频率信号;完成

各原子钟的实时参数采集和状态监视；完成原子钟房内温湿度等环境参数的采集，并将采集数据发送至数据管理分系统存储。

需要注意的是，原子钟属于精密仪器，进入钟房进行任何操作前应确保已消除身体静电，严禁倚靠、踩踏原子钟及原子钟柜；原子钟房内对任何线缆的触动都会影响原子钟输出信号质量，操作原子钟时不得触碰无关线缆；氢原子钟对温度、湿度、震动等运行环境要求较高，需要严格控制原子钟房的人员进出，以保持原子钟的运行状态；故障原子钟维修时，须在钟房外进行；不得在钟房内进行拆机检视、更换部件等操作，避免影响其他原子钟正常运行；原子钟对电场、磁场极为敏感，手机和带有无线通信功能的移动终端不得带入钟房。

原子钟分系统扩展主要指系统钟组增加原子钟。原子钟接入军用标准时间守时钟组具有严格的操作要求，在接入前需进行设备加电、性能测试、接入申请和设备接线等步骤。接入操作须由专业技术人员进行。

新装备原子钟加电前，明确原子钟编号、钟房编号以及接入系统通道，并履行相关审批手续。待申请得到批准后，按照各型原子钟开机步骤对原子钟加电开机。加电前开关应置于指定位置，并确保设备接地正常。原子钟运行稳定后，对其进行接线操作。将原子钟1PPS、5MHz信号和原子钟状态信息连接至秒任务分配放大器、频率信号分配放大器将信号分为多路，以供后续进行原子钟性能测试及内部测量操作。需要注意的是，原子钟信号线应按照编号接入相应通道，即在1PPS、5MHz频率信号输入至秒任务分配放大器、频率信号分配放大器时的转接线编号应相互对应。测量通道打开操作详见钟差测量分系统。使用短稳测试仪、多通道比相仪和多通道时间间隔计数器测量原子钟性能指标，在满足指标要求的前提下，可将原子钟接入系统。

2. 钟差测量分系统

钟差测量分系统通过秒信号分配放大器，将每台原子钟的1PPS秒信号由1路分成4路，从中选出2路，分别输入2台多通道计数器上，完成各原子钟之间钟差数据的测量，每台多通道计数器连接一台数据采集计算机，实时对钟差数据和设备状态进行采集。2套钟差测量设备互为主备，并采取相同的采集策略，保证两套数据的一致性，达到完全备份的效果。

钟差测量分系统主要由秒信号分配放大器、多通道计数器和数据采集计算机等设备组成，主要功能是将守时系统原子钟组各原子钟秒信号进行区分放大后，实时测量各钟之间的钟差数据，并实时监视各设备的工作状态；所有采集数据发送至数据库管理分系统存储；对提供远控接口的设备进行远程控制。

钟差测量分系统结构如图 3-5 所示，钟差测量分系统由互为主备的 2 套测量设备构成，保证钟差数据的可靠性，主要包含的设备有秒信号分配放大器、多通道计数器和数据采集计算机等。

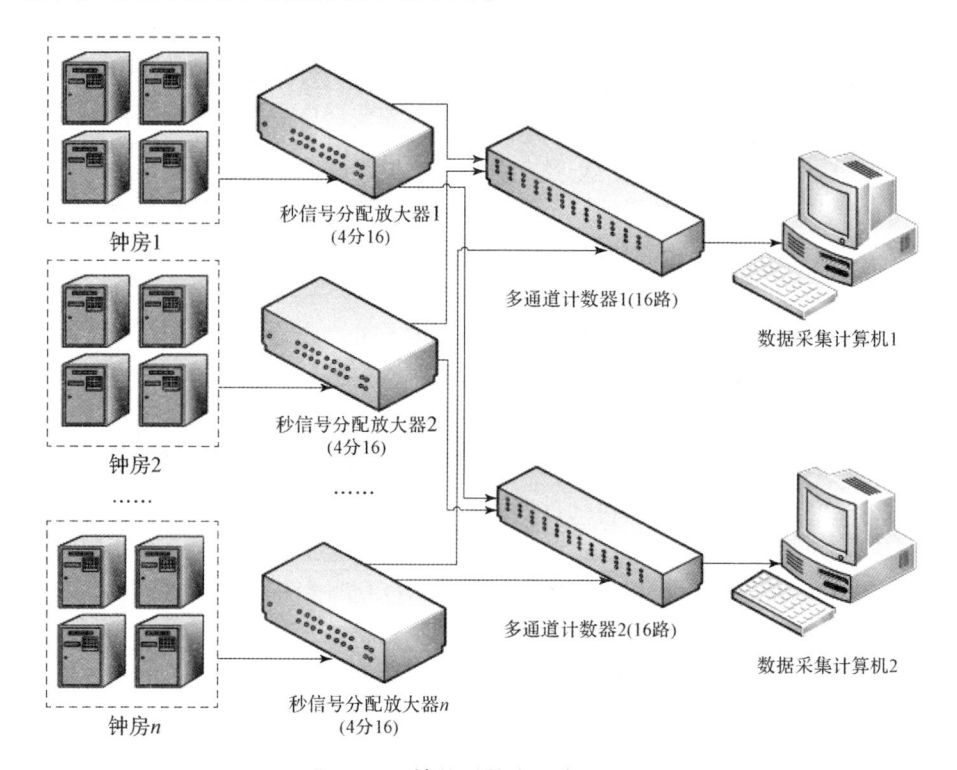

图 3-5 钟差测量分系统结构图

秒信号分配放大器放置于测量机房，主要作用是将 4 路输入的 1PPS 秒信号进行区分放大，变为 16 路 1PPS 秒信号供输出使用。

多通道时间间隔计数器共有 2 台，每台计数器有 16 个测量通道，放置于专用测量机房，该计数器提供基于秒脉冲信号的高分辨率时间间隔测量。计数器内置高稳晶振，辅助输入端口也可接收外部频率参考 5/10MHz 或者 GPS 信号。所有待测信号与输入参考秒脉冲同时进行比对测试，并实时显示所有待测信号的测试数据。

根据目前原子钟组的设计规模和可扩展性，多通道计数器采用 16 通道输入，如果原子钟数量超过单台多通道计数器的输入限制，可在数据采集计算机上再连接一台多通道计数器，每台计数器上保证有 2 路主钟信号的接入，即可解决由钟数量增加带来的系统扩展问题。

3. 实时协调世界时控制分系统

实时协调世界时控制分系统根据综合原子时计算结果，控制修正主钟频率，输出军用标准时间信号。实时协调世界时控制分系统结构如图 3-6 所示，主要包括实时协调世界时控制软件和相位微调器、时码产生器、时间信号切换器、通用计数器、秒信号区分放大器、B 码终端等硬件设备组成。

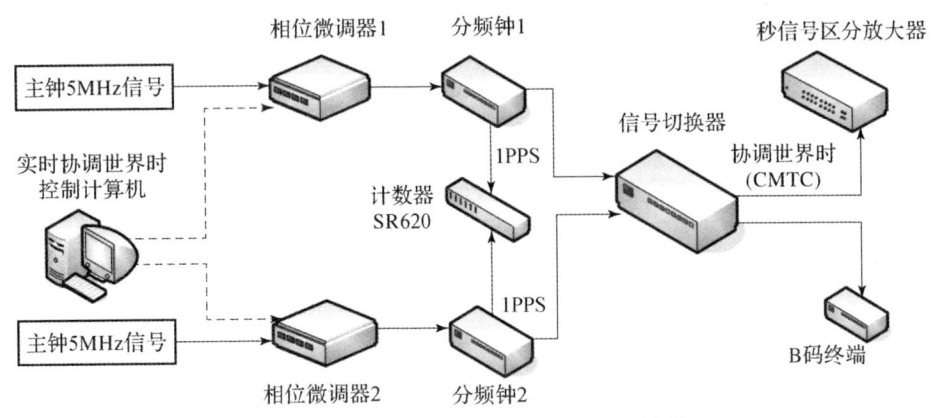

图 3-6 实时协调世界时控制分系统结构

相位微调器用于对 2 路主钟频率信号进行频率调整，根据综合原子时的计算结果，每天进行一次频率改正。时码产生器主要用于产生 1PPS 脉冲信号、直流 B 码以及系统时间。时间信号切换器主要用于选通 2 路协调世界时信号中的 1 路作为输出信号。时间间隔计数器在实时协调世界时控制分系统的主要作用是实时测量 2 路协调世界时信号的偏差值，直观反映 2 路协调世界时信号的一致性。

实时协调世界时控制分系统是整个守时系统的重要组成部分，其根据综合原子时计算结果，控制相位微调器对 2 路主钟信号进行频率改正，改正后的频率信号通过分频钟输出，并通过时间信号切换器选通 1 路输出单元军用标准时间信号，同时将控制结果发送至数据库进行存储，发送至系统监控进行监控显示。

主备 2 路协调世界时的一致性通过通用计数器实时监测，实时协调世界时控制软件采集通用计数器测量结果，并且每 0.5h 进行一次同步控制，保证 2 路协调世界时（CMTC）偏差控制在 0.1ns 以内。时间信号切换器输出的军用标准时间信号，通过秒信号区分放大器分配后可提供测试比对用时间信号。其中 1 路秒信号接入钟差测量分系统参与测量，1 路接入 B 码终端，输出时间信息供系统使用。

4. 原子时处理分系统

原子时处理分系统主要由综合原子时处理软件和运行该软件的工作站等设备组成,主要功能是建立各原子钟数学模型,根据原子钟的钟差测量及外部时间比对数据,采用经典加权平均算法,计算产生 MAT,并对该时间尺度进行精度分析评估、频率驾驭等,为实时协调世界时控制分系统等提供控制依据。

综合原子时处理软件启动后以客户端身份自动与数据库系统建立连接,可以对数据库数据进行读取、查询、存储等操作。每天上午 8 点 30 分,自动从数据库中提取前一天 8 点至当天 8 点共 24h 的原始钟差测量数据(所有时间均指北京时间),利用加权平均算法,计算产生当天的 MAT,并将计算结果存储于数据库。软件通过直接读取数据库或间接计算可以实现对各原子钟钟差数据、钟差改正数据、原子钟权重、原子钟属性等查询,以及实现原子时性能分析、原子时驾驭等操作。

5. 数据库管理分系统

数据库管理分系统是守时系统的核心部分,主要任务是存储所有采集设备得到的原始数据,为其他应用软件提供数据源并将其他应用软件的计算、分析结果存储备份,实现数据的导入、导出、定期备份以及数据库的维护管理。

数据库管理分系统结构如图 3-7 所示,主要由数据库服务器、磁盘阵列和数据库管理软件构成。

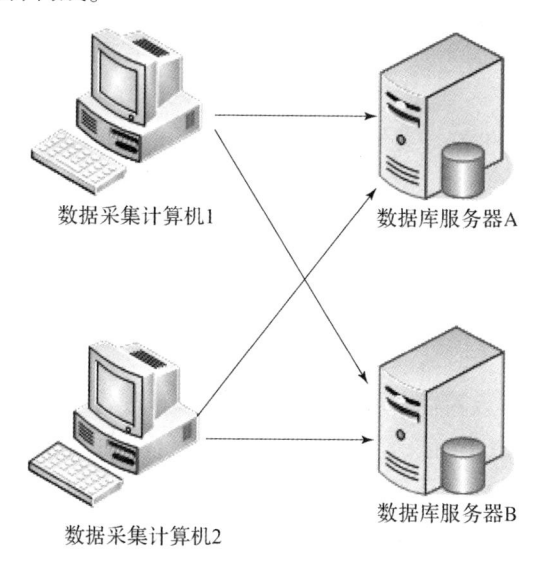

图 3-7 数据库管理分系统结构

数据库采用2台数据库服务器双机热备、并行工作的方式（Active/Active模式），同时提供服务、配置完全相同，使用相同的操作系统，相同的数据库设计结构，各自带有本地磁盘阵列，不共享存储设备。两者互为主备，守时系统所有需要存储的数据，均同时向主备数据库服务器发送、存储，2台数据库服务器的关系等同于镜像关系。

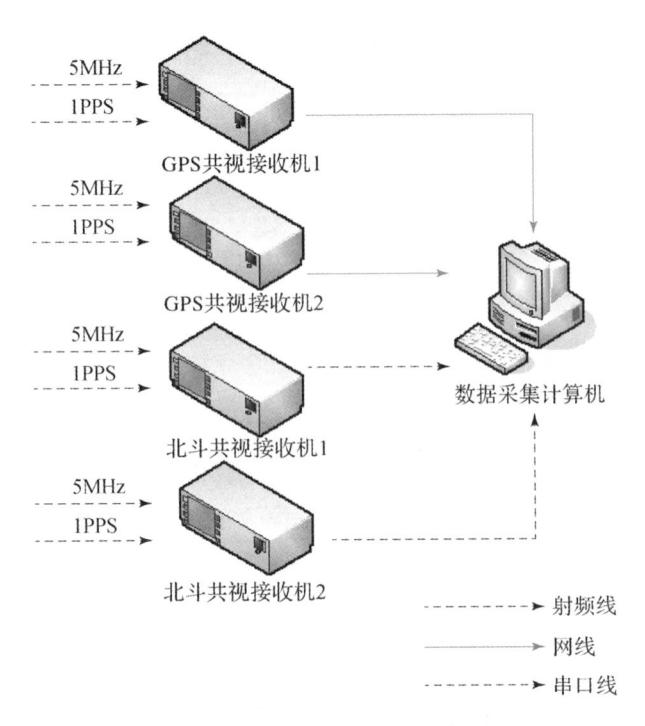

6. 外部时间比对分系统

外部时间比对分系统结构如图3-8所示，外部时间比对分系统通过卫星双向、卫星共视等方法，实现军用标准时间与其他守时系统保持时间的比对。外部时间比对分系统主要包括GPS接收机、北斗共视接收机和数据采集计算机。

图3-8 外部时间比对分系统结构

GPS共视接收机16min生成一组共视数据，数据采集接收机通过网络与GPS接收机相连，实时采集共视数据，并计算产生军用标准时间与GPST的时差，实现军用标准时间的外部比对。

将军用标准时间的1PPS秒信号作为参考信号接入GPS共视接收机，利用接收机同时观测多颗GPS卫星信号，将观测数据进行处理后得到军用标准时间和 GPST 的时差，以实现对军用标准时间时间性能的检核与评估。通过数据采集计算机采集并实时监视各设备的工作状态，将比对结果发送至数据库进行存储。

7. 系统监控分系统

系统监控分系统结构如图 3-9 所示，包括监控计算机和网络交换机，主要功能有：实时监视与控制军用标准时间守时机房所有设备工作状态和重要参数；设备故障报警，显示报警信息；完成各类文本类型数据的综合处理与显示；对所有设备进行远程指令控制；显示数据库进程状态。

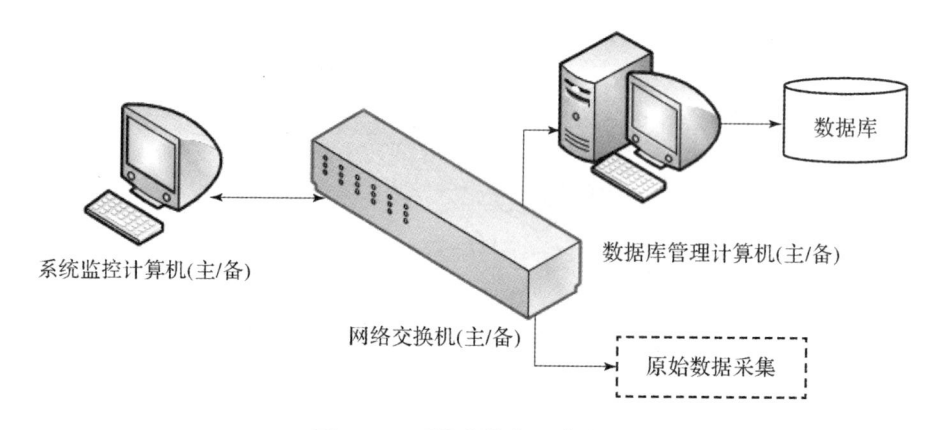

图 3-9　系统监控分系统结构

系统监控计算机通过网络交换机采集各类数据。网络交换机分别与数据库管理计算机、系统监控计算机和综合原子时计算机等设备以星形网络拓扑机构相连。采用互为主备的网络交换机并行工作的方式，同时工作在不同网段上以保证数据传输的可靠性。

8. 网络时间同步分系统

网络时间同步分系统向各授时系统提供军用标准时间授时信号与参数，并通过网络、电话等途径实现军用标准时间的传播。网络时间同步分系统结构如图 3-10 所示，主要由服务器、客户端和 B 码终端组成。

网络时间同步软件利用网络时间同步服务器，向守时系统内的工作站设备提供时间统一服务，使系统内工作站保持与军用标准时间同步。其中，军用标准时间信号通过 B（DC）码输入接口输入 B 码终端，经一系列数据格式转换后，由串行时码输出接口输出 B 码信号发送给网络时间同步服务器端。服务

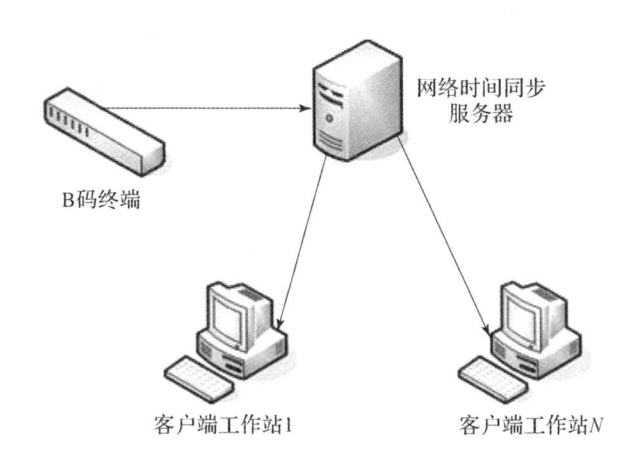

图 3-10 网络时间同步分系统结构

器端解调 B 码信号并校准服务器时间，客户端采用网络时间协议（Network Time Protocol，NTP）定期发送对时申请与服务器端保持同步。

3.1.4 存在问题及技术发展趋势

1. 存在问题

（1）军用时频系统规模、性能和安全可靠性还有待进一步提高。目前，军用时频系统相对美国海军天文台（United States Naval Observatory，USNO）等重点时频实验室而言，钟组规模偏小，影响其系统性能指标提升。而且，当前尚未建立备份守时系统，系统的安全性有一定隐患。

（2）守时系统核心设备过度依赖国外进口。国内守时系统的大部分原子钟都是从美、俄、欧等国家和地区进口，高精度计数器、相位微调器等关键设备也大都是进口设备，对建立我国自主可控的时间基准存在较大风险。

（3）国内多家守时实验室尚未建立常态化的精密比对链路。国内 4 家守时单位之间只有试验性的时间比对链路，为实现国家时间频率资源的充分共享共用，也为将来建立国家统一的时间基准提供基础，需要尽快建立守时系统、授时系统及相关时频实验室之间的精密时间频率比对链路。

（4）国家统一的时间基准尚未形成。中国计量科学研究院、中科院国家授时中心、航天科工 203 所、卫星导航定位总站、均建有独立的守时实验室，产生独立的协调世界时时标，但在国家层面尚未建立统一的中国时间基准。

2. 技术发展趋势

（1）守时能力建设得到广泛重视，时间基准性能持续提高。世界各大国都十分重视建立和发展自身的时间基准和时间统一系统。美国海军台负责产生和保持的协调世界时有一百多台原子钟和6台铷喷泉频率基准装置，其系统时间频率准确度已达到 1×10^{-15}，月频率稳定度进入 10^{-16} 量级，在协调世界时中占据最大权重（约30%权重）。俄罗斯时频实验室保持的协调世界时守时性能也在不断提高，增加了氢原子钟和铯喷泉、铷喷泉装置，月频率稳定度也进入 10^{-16} 量级。

（2）原子钟水平不断进步，多种类型原子钟技术不断发展。当前，世界上最好的守时型氢原子钟主要来自美国、俄罗斯、欧盟，最好的守时型铯原子钟主要来自美国。此外，星载铷钟、铯钟、氢钟也都在快速发展，在GPS、格洛纳斯卫星导航系统（Global Navigation Satellite System，GLONASS）、伽利略卫星导航系统（Galileo Navigation Satellite System，Galileo）和北斗卫星导航系统（Beidou Navigation Satellite System，BDS）中都得到了应用，芯片级相干布居囚禁（Coherent Population Trapping，CPT）原子钟在应用领域也将有广阔的前景。

（3）精密时间传递技术迅猛发展，重要性日益突出。随着全球导航卫星系统（Global Navigation Satellile system，GNSS）系统的发展，基于GNSS的卫星共视技术和设备发展迅速，精度通常可达 1~10ns，且价格不高，在各类实验室和时频系统中得到大量应用。近几年，光纤时间频率传递技术也逐渐成熟，在中短距离（100km以内）的频率传递不确定度可达 1×10^{-16}，甚至更高，为高性能时频信号的无损传输和分布式守时提供了有力支撑。

3.2 授时系统

近年来，我国授时手段逐步健全，星基授时取得长足进步，地基授时运行稳定，初步满足军民用户使用需求。

北斗系统已实现全球覆盖，单向授时精度50ns，双向授时精度达到10ns。星载原子钟性能稳定，系统运行可靠性高，可提供全天候不间断连续授时服务。基于北斗系统的星基授时已成为我国精度最高、应用最广泛的授时手段，各军兵种利用北斗授时的深度和广度不断增强，火箭军、空军、陆军均采用北斗作为主要的授时方式。

地基长河二号系统通过导航中心和 6 个发射台，可对我国大部近海区和中东部陆地区域进行地波导航和授时，授时精度达到 200ns，覆盖范围内的军区、军兵种 280 余个指挥信息化节点加装长河二号授时型接收机。短波授时台授时精度优于 1ms，一定程度上实现了与北斗系统的互补，增强了时间服务的可靠性。火箭军阵地天文大地测量时间的获取，主要依靠卫星、长波和短波进行授时。陆军敌我识别系统时间同步设备可通过短波授时。海军结合舰艇等级维修，正在开展各型舰艇平台换装长河二号授时型接收机工作。

基于通信网络的全军时频同步网络建设进展顺利，已部署 70 余端骨干节点和 450 余端用户节点，时间同步精度优于 1.5μs。各军兵种自建的时频同步网络也已形成一定规模并投入应用。空军时间同步主要依托全军数字同步网；各指挥信息系统、雷达情报组网系统、数据链组网系统等时间同步主要依托全军一体化指挥平台和网络时间服务器，利用 NTP 协议实现同步。军委联指网络授时服务器与地下指挥所时间服务器采用简单网络时间协议（Simple Network Time Protocal，SNTP）保持同步。

军用时频中心初步建成了具备对北京地区 RDSS 和长河二号系统的授时监测能力。时空统一信息系统（一期）授时监测系统建成后，具备在北京（中心站）、哈尔滨、成都和三亚对北斗、长河二号和时频同步网系统的授时监测能力，可实现对主要授时手段的时间可靠性和信息完好性监测。

3.2.1　总体架构

授时系统总体架构如图 3-11 所示，民用与军用授时系统采用统一的时间基准，发播统一的时间信号，构建了军用和民用授时系统"一张网"。

民用授时系统中，目前主用的授时系统为基于 BDS 的星基授时系统、长短波授时系统和互联网授时系统，除此之外，光纤授时网络系统可以满足民用用户的高精度授时需求。这样的规划覆盖了民用用户不同精度的授时需求。军用授时系统以北斗全球卫星导航系统为主，陆基的授时手段主要有海军的长河二号授时系统，以及"十三五"期间新建的军用时频同步网授时系统。

授时系统建设任务体系如图 3-12 所示，可以看出，"十三五"期间以 BDS 为主开展的星基授时系统是主要建设任务。继续开展长波授时系统以及长河二号系统的台站建设，升级改造短波授时系统以及低频时码等授时系统。同时，重点开展光纤授时网络系统的建设，以满足高精度用户的需求。

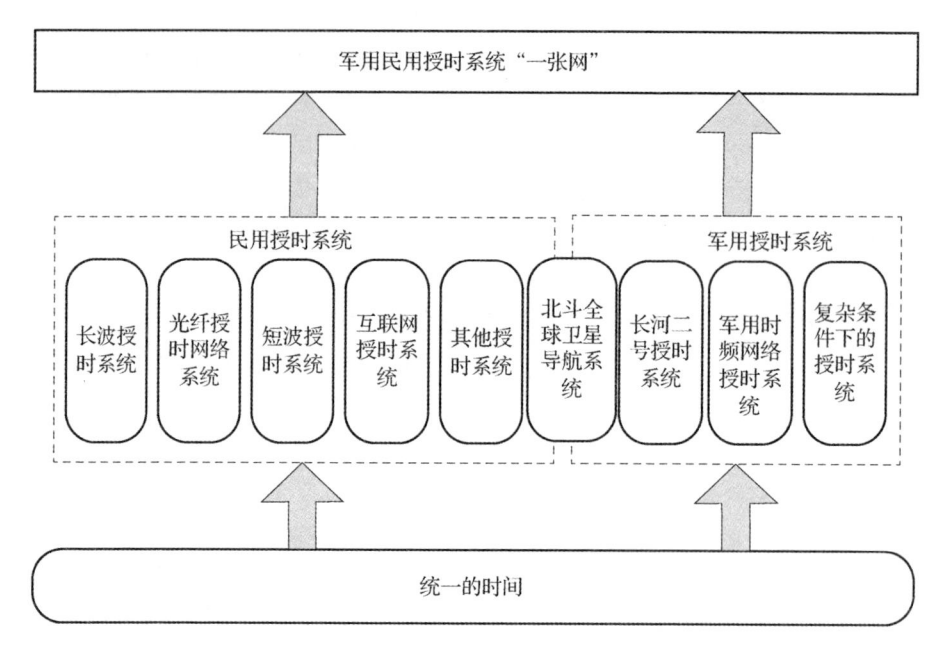

图 3 – 11 授时系统总体架构框图

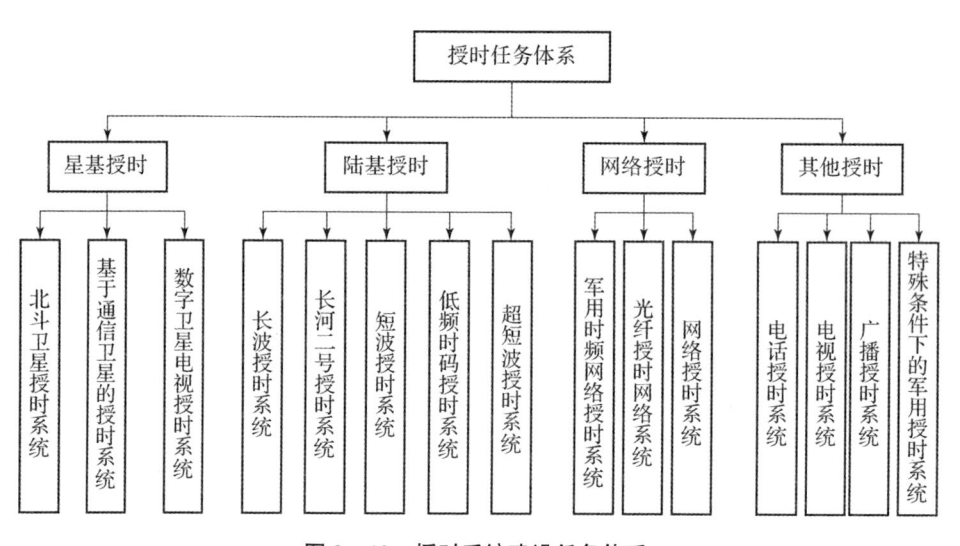

图 3 – 12 授时系统建设任务体系

授时系统建设技术体系如图 3 – 13 所示，根据授时的实现方式，分为有线授时技术与无线授时技术，有线授时技术采用光纤、互联网、电话线等方式进行时间传递，无线授时技术采用各种无线电信号进行时间传递。

图 3-13 授时系统建设技术体系

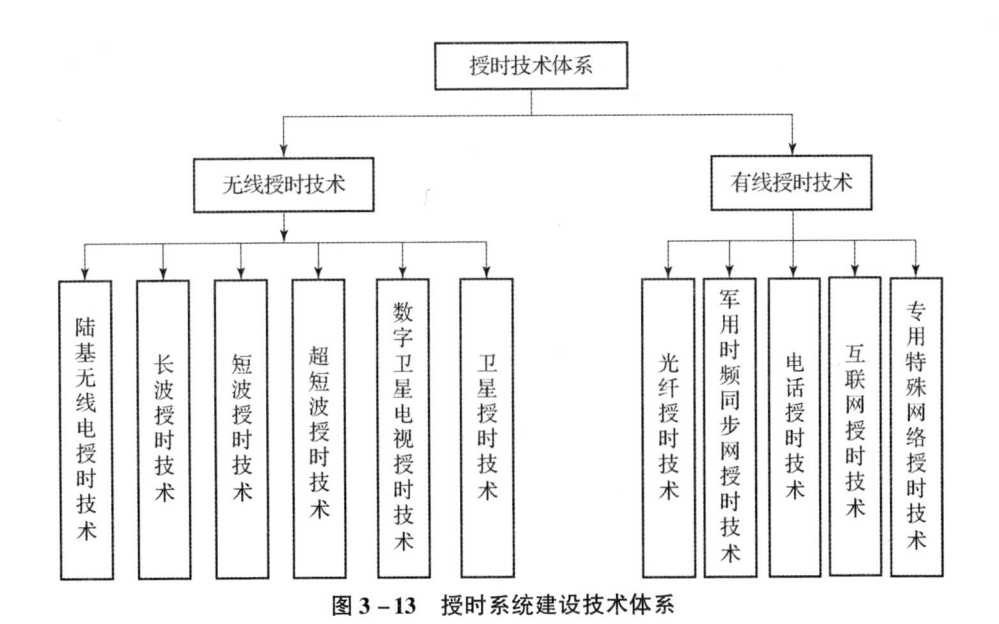

3.2.2 卫星授时与时频传递

1. RDSS 与 RNSS

目前，利用卫星无线电信号实现用户位置确定主要有 2 种方法。一种为 RDSS，特点是由用户以外的控制系统完成定位所需无线电参数的确定以及位置的计算；另一种为 RNSS，与 RDSS 不同的是，用户能够接收多颗卫星信号实现测距，通过自身求解定位方程实现位置确定。RNSS 服务中，用户自身实现定位解算，不占用卫星及地面控制系统的信道与计算资源，因此，其用户服务数量没有限制。由于本地实现定位解算，定位频度高，可完整确定用户位置矢量（绝对位置、速度、时间）。

我国目前正式运营的 BDS 提供 RDSS 和 RNSS 业务，其他卫星导航系统如 GPS、GLONASS、Galileo 等均只提供 RNSS 业务，二者比较如表 3-1 所示。

表 3-1 RDSS 和 RNSS 比较

性能	RDSS	RNSS
定位模式及资源占用	由用户以外的控制系统完成位置解算，并将定位结果发送给用户，定位占用系统资源	用户自行测定伪距，自主实现定位解算、速度测量，定位过程不占用系统资源

续表

性能	RDSS	RNSS
星座	一般为地球静止轨道（Geostationary Orbit，GEO）卫星	GEO卫星，中圆轨道（Middle Earth Orbit，MEO）卫星，地球倾斜同步轨道（Inclined Geosynchronous Orbits，IGSO）卫星
卫星功能	完成信号转发，无星载原子钟	自主实现信号生成与发射，有高精度星载原子钟
系统时间	完全由地面控制系统产生	星上自主产生时间，测控站于星间链路对卫星钟差进行测量
用户数量	双向RDSS受限，单向RDSS授时不受限	不受限
定位是否需要向卫星发送信号	是	否
用户动态	低动态用户	低、中、高动态用户
应用	定位和通信，可用于低动态用户定位和位置报告、指挥系统通信、灾难救援等	各种用户的定位、授时，移动载体导航，武器制导

RDSS将定位、授时、通信融为一体，可根据不同场合需求组建相应的应用系统，可以实现单一用户的定位、定时和通信，也可实现相互之间的位置报告。RDSS用户机可分为无源授时型、单址型和多址型。

1）RNSS授时

以GPS为例，系统向全球范围内提供定时和定位服务，全球任何地点的GPS用户通过低成本的GPS接收机接收卫星发出的信号，获取准确的空间位置信息、同步时标和标准时间。GPS卫星上具有由原子钟组成的时频子系统，产生卫星本地时间和物理上的时频基准，导航信号以该时频基准为基础进行发播。卫星本地时间与GPS系统时间之差被准确测量，并以钟差参数形式包含在导航电文中。卫星本地时间与系统时间差值保持在限定范围内。

GPS卫星信号采用直接序列扩频调制，扩频码也称为测距码，是一种伪随机噪声码。每颗卫星广播2种码，一种为短周期的粗捕码（C/A码），另一种为长周期的精密码（P码）。用户通过本地复现伪随机码来测量用户与卫星之间的距离，由于用户本地时间一般与卫星不同步，因此测得的距离称为伪距。

导航卫星信号经天线接收、下变频和 A/D 采样后，得到数字基带信号，本地接收机的码发生器产生与卫星 C/A 码一致的伪随机码，利用此码对数字基带信号进行相关运算处理，当捕获和跟踪完成后，本地将产生相关峰值脉冲。假设检测到子帧 1 的遥测字（Telemetry word，TLW）的同步码时刻为 t_{acq}，天线及射频通道延迟固定，那么，由于接收机的流水处理流程，t_{acq} 与包含同步码卫星信号进入天线时刻 t_{ant} 之间的延迟是固定的。

RNSS 授时延迟计算与修正流程如图 3-14 所示，信号捕获成功后，经过译码等数据处理，获得点位信号；利用获得的钟差等参数进行钟差、相对论效应修正；利用获取的对流层修正参数进行对流层模型修正；利用获取的电离层参数进行电离层模型修正。经过各种修正后，最终得到修正后的伪距并用于定位解算。

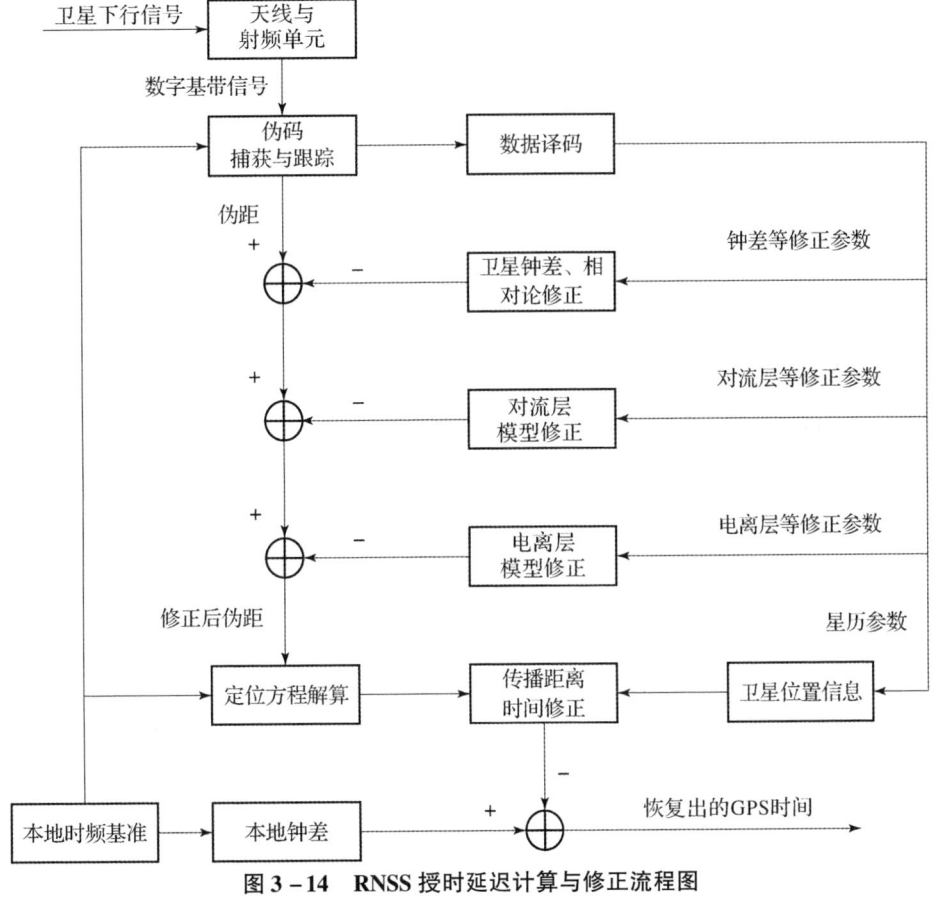

图 3-14 RNSS 授时延迟计算与修正流程图

接收机可同时接收多颗卫星信号，得到多个修正后的伪距，建立定位方程。对定位方程进行求解，可获得自身位置，同时定位方程还可解算出本地钟差。导航电文中具有星历参数，可计算出卫星位置，因此能够获得卫星与接收机的精确距离，进而计算出信号传播距离的时间修正值。对本地时间进行修正，即可恢复出 GPS 时（GPS time，GPST）。

用户要实时完成定位和授时功能，需要得到 4 个参数，即用户的三维坐标和用户时钟与 GPS 主钟标准时间的时刻偏差，所以需要测量 4 颗卫星的伪距。设 (x_u, y_u, z_u) 为接收机的位置，$(x_n, y_n, z_n)(n=1,2,3,\cdots)$ 为已知卫星的位置，ρ_n 为测得的第 n 颗卫星伪距，Δt_u 为用户与卫星的钟差（卫星之间时钟已同步，故钟差相同），则当测得 4 颗卫星伪距时，可求解

$$\begin{cases} \rho_1 = \sqrt{(x_1-x_u)^2 + (y_1-y_u)^2 + (z_1-z_u)^2} - c \cdot \Delta t_u \\ \rho_2 = \sqrt{(x_2-x_u)^2 + (y_2-y_u)^2 + (z_2-z_u)^2} - c \cdot \Delta t_u \\ \rho_3 = \sqrt{(x_3-x_u)^2 + (y_3-y_u)^2 + (z_3-z_u)^2} - c \cdot \Delta t_u \\ \rho_4 = \sqrt{(x_4-x_u)^2 + (y_4-y_u)^2 + (z_4-z_u)^2} - c \cdot \Delta t_u \end{cases} \quad (3-3)$$

设 GPST 为 Δt_E，用户时为 Δt_{rev}，则钟差为

$$\Delta t_u = t_{rev} - t_E \quad (3-4)$$

用户将计算得到的钟差对本地时钟进行修正，即可得到 GPST。若用户已知自己的确切位置，则有

$$\Delta t_u = (\sqrt{(x_i-x_u)^2 + (y_i-y_u)^2 + (z_i-z_u)^2} - \rho_i)/c \quad (3-5)$$

那么，理论上接收 1 颗卫星的数据，即可计算出钟差，得到 GPST。

2）RDSS 授时

（1）单向授时。

BDS 具有定位、通信、单向和双向授时功能，利用地球同步轨道卫星提供 RDSS 服务，RDSS 单向授时原理如图 3-15 所示。

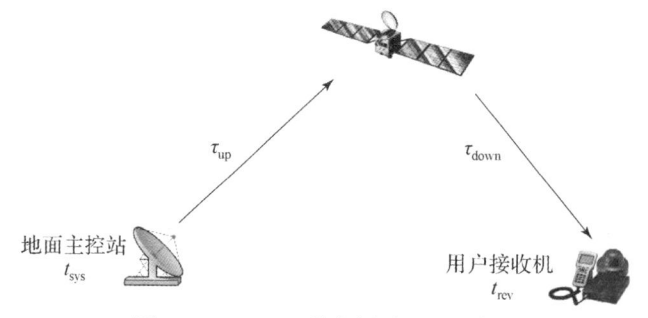

图 3-15　RDSS 单向授时原理示意图

t_{sys} 为卫星信号发送时刻（系统时间），t_{rev} 为接收机信号接收时刻，τ_{up} 为信号从地面站至卫星的延迟，τ_{down} 为信号从卫星至接收机的延迟。北斗地面主

控站将广播信号发送至卫星，卫星接收后将信息转发至接收机。接收机的单向授时就是接收机通过接收导航电文及相关信息，由用户自主计算出钟差，并修正本地时间，使本地时间与卫星系统时间同步。RDSS 单向授时时序如图 3-16 所示，对于接收机而言，只要计算出信号总延迟，即可恢复出系统时间，实现时间同步，可以看出

$$\tau_{\text{delay}} = \tau_{\text{up}} + \tau_{\text{down}} + \tau_{\text{other}} \qquad (3-6)$$

式中：τ_{up} 可在导航电文中得到。假设卫星位置为 $(x_{\text{SV}}, y_{\text{SV}}, z_{\text{SV}})$，用户位置为 (x_u, y_u, z_u)，则

$$\tau_{\text{down}} = \sqrt{(x_u - x_{\text{SV}})^2 + (y_u - y_{\text{SV}})^2 + (z_u - z_{\text{SV}})^2}/c \qquad (3-7)$$

式中：τ_{other} 为其他延迟，可表示为

$$\tau_{\text{other}} = \varepsilon + a_0 + t_0 \qquad (3-8)$$

式中：ε 为传播延迟修正，可通过导航电文中的电波传播修正模型参数计算得出；a_0 为设备转发单向延迟之和；t_0 为接收机的单向延迟。

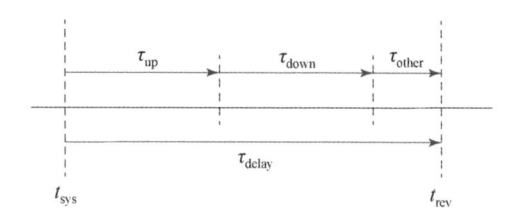

图 3-16　RDSS 单向授时时序图

用户利用 RDSS 进行单向授时，必须事先获得自身位置，以便计算信号传输延迟。在早期的系统中，常用 GPS 实现定位，再利用 RDSS 进行授时。这种情况下，用户的位置通常是固定不变的，而电信、电力等分布式系统具有成千上万个固定网点，由于北斗系统地球同步轨道卫星运动速度慢，24h 可见，适合高精度授时。因此，RDSS 单向授时非常适合固定点位置的时间同步。

一般而言，在 RDSS 单向授时模式下，观测到一颗卫星即可实现精确的时间同步。由于 GEO 导航卫星每隔一段时间需要调整轨道，在轨道机动期间，卫星位置计算将存在较大误差，可能导致微秒量级的定时误差。如果能同时观测多颗卫星，并与多颗卫星实现同步，将有效提高授时的可靠性。

RDSS 的地面主控站的出站信号由 I 支路和 Q 支路数据构成，其中 I 支路用于传输广播电文，包括定位、通信、标校及其他公用信息。广播电文由一个超帧组成，每一个超帧传递时间为 1min。GEO 卫星的位置也在该超帧中广播，因此卫星位置信息每分钟更新一次。为了满足实时输出精确时间的需求，需要利用线性插值等方法，建立卫星位置的预测模型，实现每秒确定一次卫星位

（2）双向授时。

BDS 支持双向授时模式，该模式下，用户接收机需要向卫星发送信息，故也称为有源授时模式，RDSS 双向授时原理如图 3-17 所示。

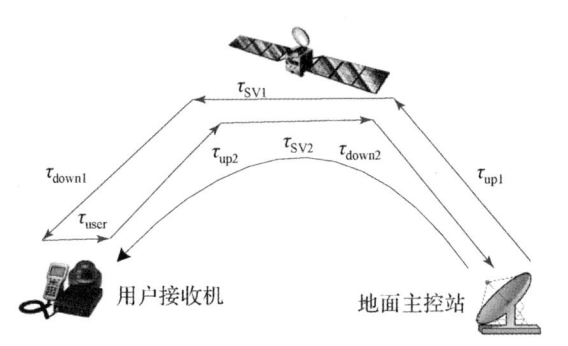

图 3-17　RDSS 双向授时原理示意图

RDSS 双向授过程如下：

①RDSS 地面主控站在 t_0 时刻发送某帧信号，对应时标为 st_0，该时标信号经过上行延迟 τ_{up1} 到达卫星。

②卫星接收到该信号后，改用下行频率将信号发出，卫星产生的延迟记为 τ_{SV1}，信号经过下行延迟 τ_{down1} 到达用户机。

③用户机接收到该信号后，得到本地时标 st_1，然后改用上行频率将信号发出，用户机产生的延迟记为 τ_{user}，信号经过上行延迟 τ_{up2} 到达卫星。

④卫星接收到该信号后，改用下行频率将信号发出，卫星产生的延迟记为 τ_{SV2}，信号经过下行延迟 τ_{down2} 到达主控站。

⑤主控站测得信号发射和接收的总延迟 τ_{total}，除以 2，获得单向传输延迟 τ_{oneway}，再将这个延迟通过卫星转发给用户机。

通过上述过程，RDSS 主控站可测得总延迟为

$$\tau_{total} = \tau_{up1} + \tau_{SV1} + \tau_{down1} + \tau_{user} + \tau_{up2} + \tau_{SV2} + \tau_{down2} \quad (3-9)$$

式中：τ_{SV1} 和 τ_{SV2} 相等且已知；τ_{user} 由用户机发送给主控站，也是已知的。由于上行和下行频率不同，电离层延迟效应不同，导致 $\tau_{down1} \neq \tau_{up2}$ 和 $\tau_{up1} \neq \tau_{down2}$。因为信号来回均有一次上行和下行，频率不等引起的误差会部分抵消，可认为用户机和主控站之间 2 次信号传递的延迟近似相等，即 $\tau_{up1} + \tau_{SV1} + \tau_{down1} \approx \tau_{up2} + \tau_{SV2} + \tau_{down2}$。另外，$\tau_{user}$ 中包含了用户机接收与发射延时，如果接收与发射延时相等，那么可以认为信号从主控站到用户机的单向延迟为

$$\tau_{oneway} = \tau_{total}/2 \quad (3-10)$$

主控站计算出这个延迟后，发送给用户机，用户机对时标 st_1 进行修正，

得到近似于原始时标 t_0 的时间，进而完成时间同步。

由双向授时原理可见，由 RDSS 主控站实现了单向延迟的测量，授时精度较高，一般为 20ns（北斗二号为 10ns）。与单向授时相同，在双向授时模式下，对用户机设计提出的要求是具有稳定的通道延迟，即要求接收的出站信号从接收机天线相位中心到中频量化之前经历的延迟、发射的入站信号从数字模拟转换器到发射机天线相位中心经历的延迟，都尽可能稳定。双向授时需要卫星处理转发来自用户接收机信息，因此并行用户容量受限于卫星处理能力。

2. 共视时间比对

卫星共视时间比对是指参与共视的 2 个地面站（A 站和 B 站）各布设一台卫星共视接收机（共视授时终端），并在同一时间观测同一颗卫星，通过消除两条传播途径上的共同误差实现 2 站之间的时间同步。参与共视的 2 站应使用相同的方法处理数据，共视授时终端本机延迟也需要精确测量。A、B 2 个地面站的接收机同时接收导航卫星发送的信号，每个站的接收机将收到的 1PPS 送到计数器与本地原子钟输出的 1PPS 进行比对，得到卫星钟与本地钟的相对钟差，然后将 2 站的测量结果通过通信网络进行数据交换，再计算处理，得到 2 地面站时钟的相对偏差，进而达到高精度远程时间比对的目的。通过卫星共视法可以消除卫星钟差的影响，同时明显削弱相关性误差（卫星轨道误差、电离层/对流层误差等）的影响。

我国目前有中国科学院国家授时中心、国家计量院、北京无线电计量测试研究所、上海天文台等守时实验室，为了摆脱时间尺度上的混乱局面，有必要相互之间建立联系，利用所有的守时钟数据进行统一归算，形成统一的综合原子时，实现我国时间系统的互联。共视法是最为理想的技术，虽然共视技术在我国发展的时间并不长，但已取得了很大的进步。目前，中国科学院国家授时中心已经利用 GPS 共视技术参与了国际原子时的计算和观测资料发布。共视技术与我国的北斗卫星导航系统相结合，发展北斗共视时间比对技术也将更为至关重要。

1）北斗卫星共视时间比对原理

（1）同地共视。

基于北斗卫星的同地共视比对工作原理如图 3-18 所示，将 2 个北斗共视授时终端置于同一地点（坐标相同），输入同一个本地钟秒信号，并接收同一颗卫星转发中心站发射的同一时间信号，测量出本地钟秒信号与锁定的卫星秒信号的时差 $\Delta\varepsilon_{Ai}$、$\Delta\varepsilon_{Bi}$（i 为测量组数），将同波束同组测量结果即 $\Delta\varepsilon_{Ai}$ 和 $\Delta\varepsilon_{Bi}$ 相减，得到 2 台共视授时终端的零值差 $\Delta\varepsilon_{AB}$。

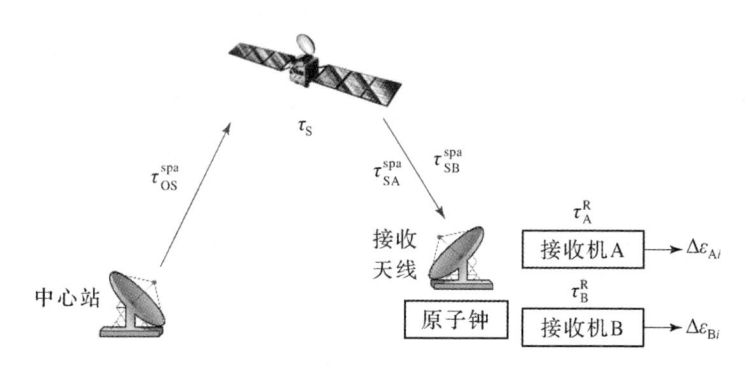

图 3-18 基于北斗卫星的同地共视比对工作原理示意图

假设在钟面时 T_0（对应 UTC 为 t_0）时刻，主控站（中心控制站或中心站）在主钟的控制下向卫星发射测距信号，该信号被 2 个测站北斗共视授时终端 A、B 在地方钟面时 T'（对应 UTC 为 t_A）时刻接收，T_A 和 T_B 分别为测距信号被接收瞬间 2 个北斗共视授时终端对应的时刻，从而测得本地钟秒信号与锁定的卫星秒信号的时差 $\Delta\varepsilon_{Ai}$、$\Delta\varepsilon_{Bi}$，则

$$\begin{cases} \Delta\varepsilon_{Ai} = T_A - T' = T_0 + \Delta\tau_A - T' = T_0 + \tau_{OS}^{spa} + \tau_S + \tau_{SA}^{spa} + \tau_A^R - T' \\ \Delta\varepsilon_{Bi} = T_B - T' = T_0 + \Delta\tau_B - T' = T_0 + \tau_{OS}^{spa} + \tau_S + \tau_{SB}^{spa} + \tau_B^R - T' \end{cases} \quad (3-11)$$

$$\Delta\varepsilon_{AB} = \Delta\varepsilon_{Ai} - \Delta\varepsilon_{Bi} = \tau_A^R - \tau_B^R \quad (3-12)$$

式中：$\Delta\tau_A$ 和 $\Delta\tau_B$ 分别为 2 路测距信号传播过程中的总延迟；τ_{SA}^{spa} 和 τ_{SB}^{spa} 分别为卫星天线相位中心信号发射时刻到 2 测站天线相位中心信号接收时刻的空间传播延迟；τ_S 为信号的正向传播延迟。最终，得到 A、B 两台共视授时终端的零值差，即为 2 测站共视授时终端的设备延迟差。

（2）异地共视。

基于北斗卫星的异地共视比对工作原理如图 3-19 所示，2 个北斗共视授时终端 A、B 异地放置，则测距信号下行空间传播延迟 $\tau_{SA}^{spa} \neq \tau_{SB}^{spa}$，输入各自本地钟秒信号，同时对指定波束测量 2 个测站的观测延迟 R_{Ai}、R_{Bi}（i 为测量组数），将同波束同组测量结果（即 R_{Ai} 和 R_{Bi}）相减，再根据 2 台共视授时终端的零值差 $\Delta\varepsilon_{AB}$，就可以得到 2 地的相对钟差、相对频差、相对频率漂移率、时间同步不确定度和频率测量精度（频率稳定度）。

假设在钟面时 T_0（对应 UTC 为 t_0）时刻，主控站在主钟的控制下向卫星发射测距信号，该信号被 2 个测站的北斗共视授时终端 A、B 分别在地方钟面时 T_A^1（对应 UTC 为 t_A）和 T_B^1（对应 UTC 为 t_B）时刻接收，从而测得 2 个观测延迟 $R_A = T_A^1 - T_0$ 和 $R_B = T_B^1 - T_0$，根据单向时间比对原理则有

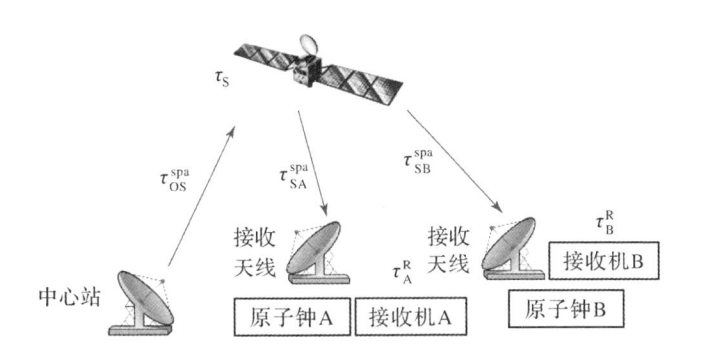

图 3-19 基于北斗卫星的异地共视比对工作原理示意图

$$\begin{cases} R_A = t_A - t_0 + \Delta T_A = \Delta T_0 + \tau_{OS}^{spa} + \tau_S + \tau_{SA}^{spa} + \tau_A^R + \Delta T_A \\ R_B = t_B - t_0 + \Delta T_B = \Delta T_0 + \tau_{OS}^{spa} + \tau_S + \tau_{SB}^{spa} + \tau_B^R + \Delta T_B \end{cases} \quad (3-13)$$

$$\Delta T_{AB} = \Delta T_A - \Delta T_B = (R_A - R_B) - (\tau_{SA}^{spa} - \tau_{SB}^{spa}) - (\tau_A^R - \tau_B^R) \quad (3-14)$$

式中：ΔT_A 和 ΔT_B 分别为 A、B 两站相对 UTC 的钟差；ΔT_0 为中心站主钟相对 UTC 的钟差。在不考虑卫星到 2 测站 A、B 的相对论引力延迟的情况下，卫星到 2 测站的空间传播延迟为

$$\begin{cases} \tau_{SA}^{spa} = \tau_{SA}^{ion} + \tau_{SA}^{tro} + \tau_{SA}^{geo} \\ \tau_{SB}^{spa} = \tau_{SB}^{ion} + \tau_{SB}^{tro} + \tau_{SB}^{geo} \end{cases} \quad (3-15)$$

式中：τ_{SA}^{geo} 和 τ_{SB}^{geo} 分别为北斗卫星发射时刻天线相位中心到 2 测站接收时刻天线相位中心的几何距离延迟；τ_{SA}^{ion}、τ_{SA}^{tro}、τ_{SB}^{ion}、τ_{SB}^{tro} 分别为北斗卫星到 2 测站传输路径上的电离层延迟和对流层延迟。通过地面通信网络交换数据，则

$$\begin{aligned} \Delta T_{AB} &= \Delta T_A - \Delta T_B \\ &= (R_A - R_B) - (\tau_{SA}^{spa} - \tau_{SB}^{spa}) - (\tau_{SA}^{ion} - \tau_{SB}^{ion}) - (\tau_{SA}^{tro} - \tau_{SB}^{tro}) - (\tau_{SA}^{geo} - \tau_{SB}^{geo}) \end{aligned}$$

$$(3-16)$$

(3) 共视授时优势。

导航信号传播过程中，一些共同误差如主控站主钟钟差、主控站到卫星的延迟和卫星转发延迟被很好地消除，而与时空强相关的误差以及可能包含的系统误差也能得到一定程度的削弱，从而大大提高 2 站时间比对的精度。优点总结如下：在严格共视的条件下，完全消除了主控站主钟钟差误差的影响；部分消除了卫星位置误差（路径不同，不同方向星历误差不同）和卫星转发延迟；部分消除了对流层和电离层的附加延迟误差（主控站到卫星上行路径）。

2）误差分析

时帧格式的时间信号由主控站发往用户，需要经过主控站发射信道、上行传播信道、卫星转发器、下行传播信道、用户终端接收信道 5 个环节。在整个传播路径上，引入了许多延迟误差，进行北斗共视时间比对的计算时，主要的误差源有时间测量误差、测站终端设备延迟误差、卫星星历误差、测站位置误差、电离层延迟误差和对流层延迟误差。

（1）测量误差。

测量误差主要包含时间测量误差和接收设备延迟标定误差。在北斗共视比对中，时间测量误差是指用户终端接收主控站发射时间信号引起的误差。由于测站延迟值是由捕获码信号的方法测得的，显然，时间测量误差取决于码频率（或码元宽度）和北斗共视终端相关处理的精度。目前，北斗共视终端的测量精度一般为 2~5m，为了削弱该项误差的影响，可以采用多次观测平滑的方法。时间测量误差最直接表现为 $(R_A - R_B)$ 的误差，由于经过多次平滑，测站实测的延迟值 R_A、R_B 再求差后，即可得到 $(R_A - R_B)$ 的误差值 δ，达到 1ns 量级。

（2）终端设备延迟误差。

终端设备延迟主要包括接收天线延迟、电缆延迟和调制解调器延迟等共视终端信道延迟。这部分误差相当于系统误差，是一均值缓慢漂移的正态非平稳随机过程。它可以在共视终端出厂前通过单向零值测试得到，也可以在工作前到主控站进行标定，以确定延迟值。τ_A^R 和 τ_B^R 即为 A、B 两个北斗共视终端设备延迟，一般作为已知值进行处理，误差约在几百皮秒，剩余的影响可以看作随机误差，采用多次观测平均的方法处理。$\tau_A^R - \tau_B^R$ 的误差也在几百皮秒之间，通常取为 1ns。

（3）卫星星历误差。

卫星星历误差主要包括卫星位置误差和卫星速度误差。卫星的准确星历由每超帧起始时刻卫星的位置和速度六维参数给出，误差模型为：ΔX_S、ΔY_S、ΔZ_S、ΔV_{XS}、ΔV_{YS}、ΔV_{ZS}。对于北斗 RDSS 的授时用户，当 2 个共视比对站位于共视卫星的同一侧时，对于相距 1000km 的 2 个站，1m 的卫星位置误差径向分量和 10m 的其他 2 个分量误差对相对钟差的影响小于 1.4ns。$(\tau_{SA}^{geo} - \tau_{SB}^{geo})$ 的误差与星历误差（卫星位置误差）直接相关，我国北斗定位系统星历误差预算为 2m，所以，$(\tau_{SA}^{geo} - \tau_{SB}^{geo})$ 误差 σ_{geo} 不会大于 2.8ns。因为地球同步轨道卫星在地固系中的运行速度约为 5m/s，如果忽略卫星在地固系中的速度误差，则卫星在地心非旋转系中的速度误差取决于卫星位置误差。当卫星位置误差为 100m 时，产生的速度误差约为 7.3mm，因此，卫星速度误差引起的误差在目前时间比对精度下可以忽略。

（4）卫星转发器及共视终端位置误差。

卫星上有许多信号转发器，不同的转发器传播延迟是有区别的，卫星转发器延迟也是一均值缓慢漂移的正态非平稳随机过程，均值变化曲线通过零值测试及过程监测得到。固定位置用户机的三维位置通过精密测量得到，移动用户的三维位置由最新的定位结果代替。误差模型为：ΔX_u、ΔY_u、ΔZ_u，取两项误差 σ_{user} 为 1ns。

（5）传播延迟误差。

传播路径延迟主要包括电离层延迟和对流层延迟。电离层延迟变化由带电粒子的运动造成，是引起传播路径延迟及变化的主要影响因素。由于电离层延迟具有时空相关性，因此，当2个测站的距离不是很远时，经过模型改正后，两个站之间再求差可以很好地削弱其影响。

对流层延迟主要与气压、温度、湿度和卫星仰角有关，与信号的频率基本无关。通过气象传感器可实时监测对流层的延迟，对于常用的 Hopfield 模型，当各参数取为典型值而卫星高度角在15°以上时，单条路径对流层延迟的影响为 8~32ns。对流层延迟对同步比对结果的影响与2站之间对流层延迟之差密切相关。在测站不加测气象参数并且处理软件不加以改正的情况下，对于1000m以下的测站，由于气象参数温度和大气压误差产生的误差最大分别约为 4ns 和 3.5ns，即总的均方误差约为 5.3ns。如果两条路径具有70%的空间相关性，经两条路径相减后误差约为 1.6ns。对流层延迟一般随卫星高度角增加而减小，在我国范围内，北斗卫星的卫星高度角基本大于15°，所以误差近似为 1.6ns。

3. 卫星双向时频传递

卫星双向时间频率传递是目前应用最为广泛的远距离高精度时间传递方法之一，通过 TWSTFT 实现站间时间同步具有精度高、实时性强的特点。TWSTFT 技术是利用两个基站同时向卫星发射不同伪码的时间信号，经卫星转发后，两个基站分别接收对方台站的信号，由于路径的对称性，并不需要知道卫星本身的位置，对流层影响全部抵消，电离层影响也可不予考虑。一般情况下，TWSTFT 技术实现的时间同步优于 1ns。

TWSTFT 组成及工作原理如图 3 – 20 所示，地面站 A 与地面站 B 约定在整秒时刻向对方发送测时信号。地面站 A 的整秒时刻为 t_{AT}，地面站 B 的整秒时刻为 t_{BT}，A 站接收到 B 站信号的时刻为 t_{AR}，B 站接收到 A 站信号的时刻为 t_{BR}。假设 A 站和 B 站采用同样的接收设备，设备延迟都相等，由于 A – B 和 B – A 传输路径相同，因此，可以认为信号从 A 站到达 B 站的时间 Δt_{A-B} 和从 B 站到达 A 站的时间 Δt_{B-A} 相等。Δt_1 为 A、B 两站的时间差，Δt_2 为到达时间差，则可知 $\Delta t_1 = \Delta t_2$。

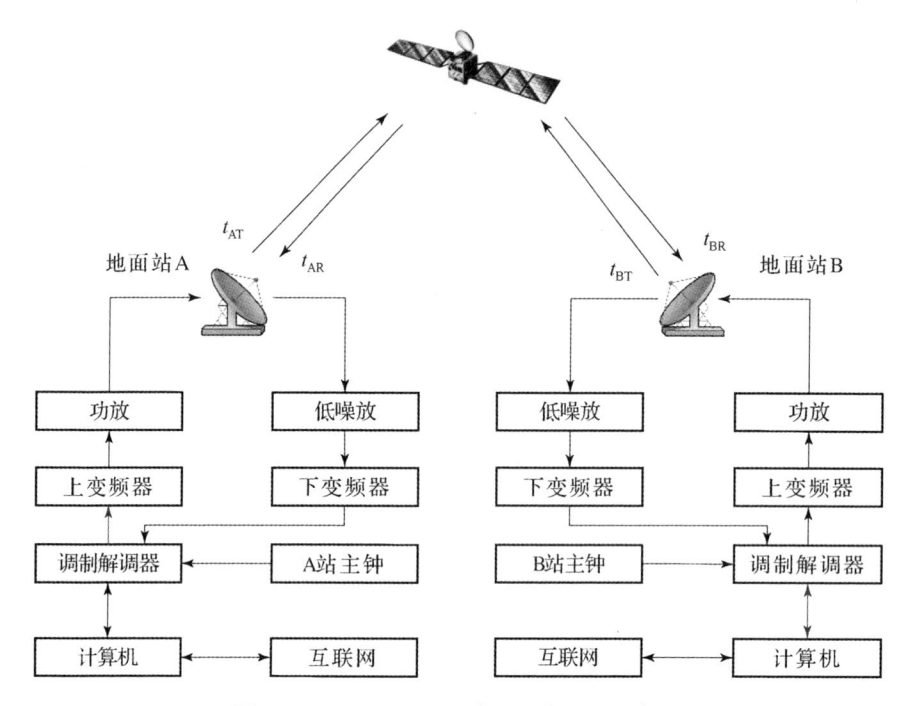

图 3-20 TWSTFT 组成及工作原理示意图

TWSTFT 时间同步流程如图 3-21 所示，Δt_{AA} 为 A 站发出信号时刻与接收到 B 站信号时刻之间的时间间隔，是在 A 站利用精密时间间隔测量设备精确测量得到的。同理，Δt_{BB} 也可以精确测量得到。因此，两站的时间差即为

$$\Delta t_1 = \frac{1}{2}(\Delta t_{BB} - \Delta t_{AA}) \qquad (3-17)$$

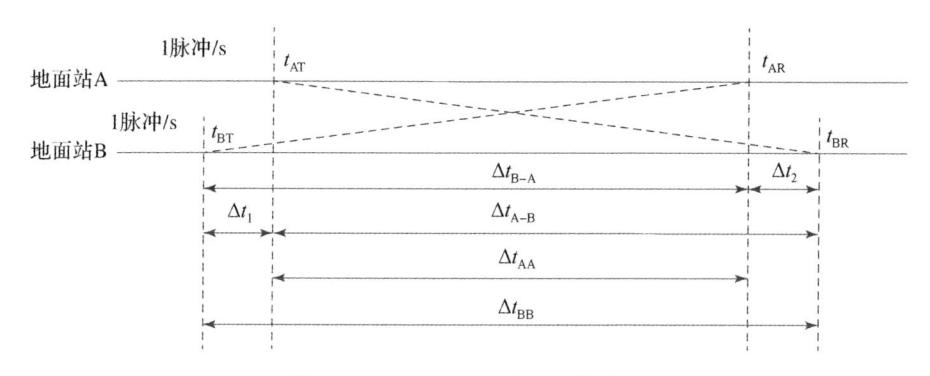

图 3-21 TWSTFT 时间同步流程

3.2.3 长河二号长波授时原理

无线电授时的基本原理是精确测量电波传播的时间，这就要求发射台要具备稳定可靠的时频基准。同时，发射载波的传播也要稳定并且可以预测。

长河二号系统发射台配有多台高精度的原子钟，为发播信号提供稳定可靠的时频基准。系统采用100kHz低频载波的脉冲发射，其信号的地波传播相位稳定，对于已知物理特性的传播路径，传播时间延迟具有高度可预测性。所以，该系统可以兼做精密授时。

长河二号长波授时原理如图3-22所示，T_0是长河二号发射台发射时间和授时时间基准（全军时间频率保障系统提供的UTC）之间的偏差，该偏差值可在发射台上测出，并编码调制到长河信号上向外发播，用户通过接收长河信号可以解调解码出来。T_1是授时信号从长河二号台发射天线到用户接收机天线的传输时间，对于已知本身地理位置的用户，该时间可以预测获得。在用户自主授时方式下，用户可以通过长河二号系统的定位功能，自动获取用户位置。T_2是授时信号在用户接收系统内的时间延迟，包括接收天线、耦合器、电缆和接收机通道对接收信号的总延迟，该时间对用户而言也是已知的。

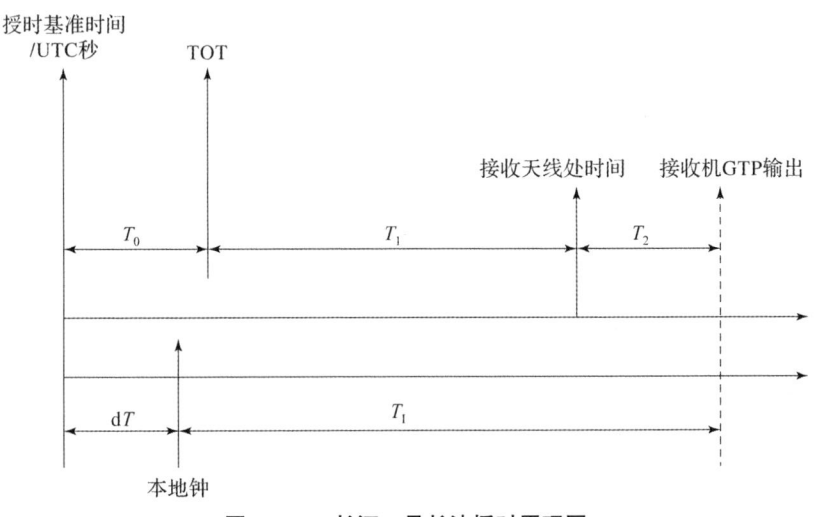

图3-22 长河二号长波授时原理图

用户能够测出本地钟（接收机内部时钟）秒信号与授时接收机输出（GTP）之间的时间间隔T_1'。因此，用户可以计算出用户本地钟与授时基准时间的偏差$dT(=T_0+T_1+T_2-T_1')$。同时，长河授时接收机自动调整本地钟秒信号位置，使dT为零。这样，本地钟时间就对准到授时基准时间上，从而实现了长河二号系统的授时。

3.2.4 存在问题及技术发展趋势

1. 存在问题

（1）卫星导航系统易受干扰，急需备份系统提供补充。

卫星导航系统授时方便快捷的特点，使其成为越来越多的用户首选手段，但面临着较大的风险，卫星导航系统由于其固有的特点，授时信号易受干扰、易受攻击，在特殊环境下的服务精度、连续性、可用性、可靠性和抗干扰性弱，无法满足特殊用户的需求，需要发展地基的高精度授时手段，与BDS一起提供授时服务，以便在特殊情况下代替卫星导航系统提供授时服务，这方面需要解决的主要问题是地基授时的覆盖范围和不同授时系统广播时间的统一。

（2）高精的授时手段缺失，需要建设亚纳秒级的授时服务系统。

组网雷达、干涉测量、深空探测等诸多领域都对授时精度提出了更高的要求，需要纳秒甚至亚纳秒的授时手段。我国的守时资源丰富，国内不同单位分布着近百台高精度原子钟，守时精度很高。但目前最高的授时精度仅为10ns量级，良好的时间基准并没有得到充分的利用。用户未能享受到优质的时间资源，主要原因就是亚纳秒的授时手段的空白。因此，需发展高精度的授时技术，攻克关键技术，将优质的守时钟组资源保持的时间信息高精度地传递给用户。最为可行的方式是全面发展光纤时间传递手段，实现固定位置之间的亚纳秒时间同步。

2. 技术发展趋势

（1）发展陆基授时手段，作为卫星导航系统授时的补充。

由于GNSS星基授时系统存在易受干扰、易受攻击、覆盖空间有限等缺点，国家安全受到一定影响。美国于2004年颁布《国家安全总统指令第39号指令》，要求交通部和国土安全部开展GPS干扰监测及缓解计划，并研发PNT（定位、导航与授时）备份能力。2012年，美国国土安全部提出的《GPS对美国关键基础设施的国家风险评估》报告指出：①日益依赖GPS提供PNT服务，关键基础设施风险增加；②GPS服务面临多种威胁，将对基础设施运行造成影响。美国交通部和国土安全部在"GPS中断问题"调查报告中指出"支持通过升级罗兰C（Loran-C）系统来构建新的增强型罗兰（eLoran）系统，并将其作为国家GPS的备份"。

在俄罗斯，最典型的 GNSS 脆弱性体现在 GLONASS 卫星导航系统于 2014 年 4 月 1 日 21 点 15 分至 4 月 2 日早晨 7 点 30 分发生故障，导致部分接收机授时误差超过 300ns，在故障期间，由地基导航系统进行了替代性的授时导航服务。目前，俄罗斯国防部开始研究应用新型"蝎子"地基导航系统，提升地基导航和授时能力，特殊时刻将全面取代 GLONASS 系统。

欧盟也非常关注卫星导航服务的脆弱性，提出欧洲关键基础设施保护计划（EPCIP），将 Galileo 卫星导航系统作为全欧洲的基础设施加以保护，同时建议布署 eLoran 系统，实现备份服务。在欧盟内部，英国希望能够在欧盟甚至全球 GNSS 脆弱性及应对措施的研究活动中发挥引领作用，提出了"保护英国基础设施"计划，开展了备份 PNT 系统的建设，包括基于光纤的时间频率传递、基于 eLoran 系统的定位和授时服务。

可以看出，发达国家授时体系的重点之一就是建设多手段高可靠的授时系统。

（2）光纤授时技术发展得到重视，同步精度显著提高。

光纤授时系统作为有效的地面备份和补充手段，美、俄、欧已经开展部署建设。利用光纤进行时间频率传递，主要有 2 种方式：一是利用电信业务承载的方式进行时间频率传递；二是利用独占光纤信道的方式进行时间频率传递。

基于电信业务承载方式的光纤网络授时，无须改造通信光纤系统原有信道，应用成本低。日本电信电话株式会社（NTT）公司的光网络系统实验室对使用同步数字体系（Synchronous Digital Hierarchy, SDH）的复用段开销（Multiplex Section Overhead, MSOH）传输时间信息进行了研究，实验系统达到了亚微秒级的时间传递精度。传递过程中，电信业务设备会对时间信息产生干扰，授时精度只能达到百纳秒量级。独占光纤信道的方式，时间信息不经过电信业务设备，仅利用通信光纤的信道进行传递，可以充分发挥光纤抗干扰、噪声低、损耗小等优点，可实现亚纳秒、十皮秒量级的高精度时间传递和超高精度频率传递。

基于独占光纤信道方式的光纤授时网络，传输性能好。2012 年 6 月，欧盟 9 国（德国、法国、英国、奥地利、意大利、荷兰、瑞典、芬兰、捷克）合资研究项目 NEAT–FT 启动，旨在未来建设一个频率传输稳定度优于 1×10^{-17}/天、时间同步精度优于 100ps 的欧盟光纤授时网络。2013 年，法国巴黎天文台在 540km 公用光纤网上实现了精度优于 250ps 的时间传递。2013 年，德国物理研究院（Physikalisch–Technische Bundesanstalt, PTB）和马普量子光学所（Max Planck Institute of Quantum Optics, MPQ）实现了 1840km 的高精度频率传递，百秒稳定度进入 1×10^{-19} 量级。

国外光纤传输时间频率正在向远距离、多节点、高精度发展，目标是建立独立于卫星系统、精度高于现有任何时统网络的基准时间同步网。

3.3 用时及支撑系统

3.3.1 用时系统

1. 总体架构

用时系统总体架构如图 3 - 23 所示，用时系统总体设计应满足多样化的时频传递手段以及应用场景要求，包容现有的军兵种和行业时频同步系统，形成一体化时频应用网络体系。用时系统总体抽象为终端层、同步层、服务层和应用层。其中，终端层主要包括卫星、陆基以及网络等各类公共的和私有的时间频率传递终端，实现节点间的时间频率比对功能；同步层依托于终端层功能，通过不同节点间的时间频率比对，优选并建立同步链路，实现节点间的时间同步、性能检测和评估；服务层包括可信时间服务，同步应用规划，时间标准服务接口；应用层方面包括行业应用、联合作战应用与军兵种应用。

图 3 - 23 用时系统总体架构框图

用时系统建设的技术体系如图 3 - 24 所示，主要包括多源多模式授时终端技术、时频网络化应用技术、时间频率应用模式与状态监测技术和时频同步应用系统技术。

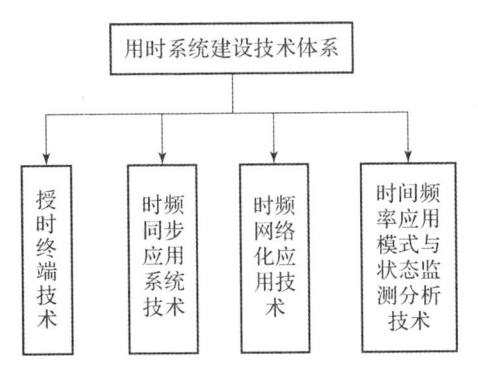

图 3-24 用时系统建设技术体系

授时终端技术重点研究基于"北斗二号"卫星导航授时、长短波授时的通用标准化授时终端；时频网络化应用技术重点研究基于网络环境下的时间频率应用技术，包括网络时间频率接口、数据标准、加密认证等技术，以及专用时频同步设备的融合技术；时间频率应用模式与状态监测技术重点研究应用层的时间频率的同步状态监测与分析方法，以及同步模式优化控制技术；时频同步应用系统技术重点研究面向军兵种武器装备和行业应用的时频同步系统和装备技术。

用时系统建设任务体系如图 3-25 所示，主要包括基础支撑技术、时频装备网络化关键技术以及时频同步军兵种应用装备研制、行业应用装备研制 4 个方面。

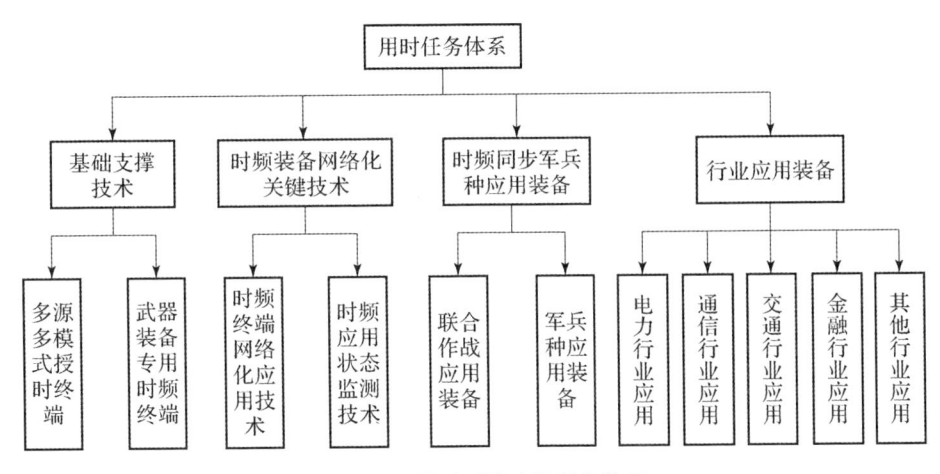

图 3-25 用时系统建设任务体系

2. 存在问题及技术发展趋势

1）存在问题

（1）时间频率应用体系化还存在差距，急需统筹建设统一基准和模式。

从目前我国时间频率应用实践来看，时间频率应用分散、标准不统一的问题还比较突出。各武器装备、作战指挥时间系统往往自成体系，兼容性差，维护复杂，已不能适应联合作战要求；多种授时手段还未实现互补增强，全军共用的时频同步网络和各军兵种自建的网络各自形成一定规模，但尚未统筹建设；我军大部分武器平台高精度时间保持以"实时授时"为主，以独立节点形态存在，还不具备高精度时间保持能力和冗余备份授时链路，一旦战时授时源受到干扰或摧毁，将严重影响装备作战效能发挥。

（2）时间频率装备与应用结合能力不足，急需网络化应用服务能力。

目前我国的时间频率装备与武器装备、作战平台的结合能力弱、功能单一，与"即插即用"要求存在较大差距，更不具备时间频率同步节点间的监测评估能力；对时间频率系统级应用支撑偏弱，时间频率数据标准不一致，尚未真正形成"一张网"，不利于"信息化"、"网络化"作战指挥；时间信息服务能力和装备滞后，功能单一，缺乏应用级的时间加密、认证服务能力，时频信息服务与作战指挥系统、武器系统、部队信息系统之间互联、互通、互操作和共享困难；应用级的顶层设计不足，应用级技术和人才缺乏，制约了时间频率的有序健康发展。

2）技术发展趋势

（1）时间频率与应用系统结合越来越紧密，呈现网络化、体系化的发展趋势。

体系作战能力的形成需要武器装备系统功能完备、融合集成，适应多种作战样式、多种作战条件的实战化战争环境。体系作战需要终端提供精确、可靠、可信的时间频率信息，满足武器装备正常运行，满足复杂战场环境下各类信息的共享与表达，实现信息系统的时间同步，确保信息高效流动和融合。时间频率应用终端面向实战，为各种应用环境提供多种性能、多种模式的授时服务能力。同时，时空信息要服务于作战的实际需求，只有按照网络化、标准化的原则发展授时装备，融入、嵌入武器平台和保障装备，才能更好地将时间频率信息保障能力向更小的作战单元延伸，兼容和替代现有装备，逐步形成"接口""数据"和"模式"的统一，深度融入我军信息化建设的各环节，提高网络化和智能化水平，提升机动作战保障能力，形成具有倍增效应的体系作战能力，为"能打仗、打胜仗"强军目标的实现保驾护航。

（2）时间频率装备的综合性能要求越来越高，呈现多源多模式的发展趋势。

时间频率应用系统的精确性、可靠性、可信性等性能关系到军事应用效能的有效发挥，甚至关系到战时生存能力和战场的胜败。当前形势下，体系对抗日趋激烈，战场环境日趋复杂，时间频率信息发播、传递等环节，极易受到电磁环境影响，导致服务性能下降，尤其是受到恶意干扰和欺骗时，存在重大安全隐患。必须坚持融合多种时间频率传递手段、时间同步模式，"平时"和"战时"相结合，提高时间频率应用系统的自主可控水平和抗干扰能力、补充备份能力，确保时空信息产生和传递安全可靠，为面向体系作战的军队信息化建设和装备体系发展打下坚实基础。

3.3.2 支撑系统

"十二五"期间，我国发布了《中国人民解放军军用标准时间管理规定》，以法规的形式明确了军用标准时间的定义及计量单位，军用标准时间保持、发播机构的确定原则及发播要求；明确了全军必须统一使用军用标准时间的要求；明确了有关主管部门及相关技术机构和管理机构的工作职责，标志着我国军用标准时间管理工作进入规范化、法制化阶段。在时间频率体系建设工作中，完成了法规标准体系的初步规划设计，在不同阶段组织开展了多层次、跨军地、跨部门、跨领域的研究论证工作，陆续出台了多项时频系统与时频计量相关标准，覆盖了国防、电力、通信、金融和交通等多个领域，初步形成了科研院所、高校和工业部门联合的科研创新团队，推动我国时频体系健康发展。

我国光频标准的研究取得实质性突破。中科院武汉数学与物理研究所研制的钙离子光钟，两套互比相对频率差为 3.2×10^{-17}，数据上报国际计量局。中国计量院研制的锶原子光晶格钟，系统不确定度达到 2.3×10^{-16}，数据上报国际计量局。北京大学研制的钙原子束光钟，具有非常强的工程化实用化的优势，百秒稳定度达到 2.9×10^{-15}。在远程时间频率传递方面，实现了80km光纤链路50ps的时间传递精度，以及卫星双向时间频率传递核心技术自主攻关。在相位噪声测量上，突破了互相关测量技术，测量底部噪声达到 -190dBc/Hz（频偏10kHz），综合利用消相干、非线性传输线和低噪声频率合成等技术，研制了5MHz～1GHz高性能双中频内置参考源，相位噪声 -160dBc/Hz（频偏10kHz），达到国际先进水平。

1. 总体架构

时间频率基础支撑体系总体架构如图 3 – 26 所示，主要包含 6 个方面：法律法规、标准规范、基础技术、学科建设、人才培养与国际合作。

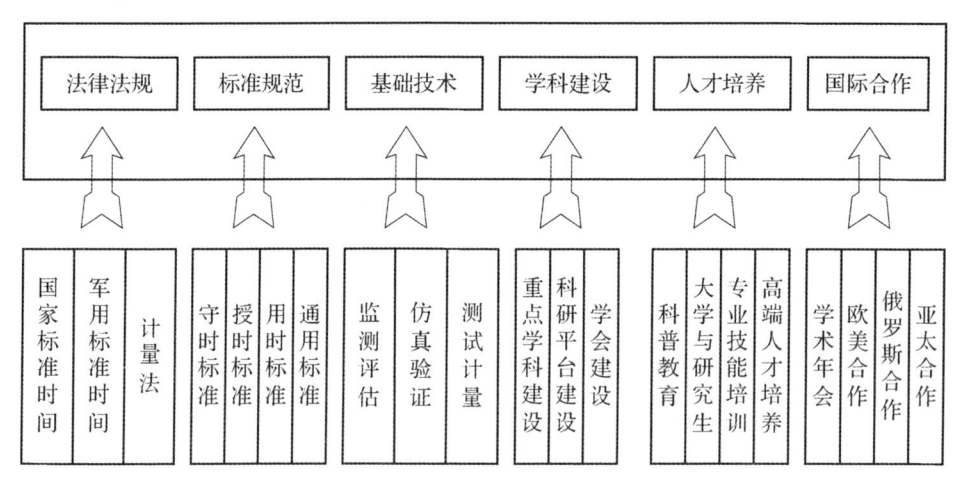

图 3 – 26　时间频率基础支撑体系总体架构框图

法律法规主要涉及国家标准时间法、军用标准时间管理规定、计量法等。标准规范主要涉及守时系统标准、授时系统标准、用时系统标准和通用标准。基础技术主要包括监测评估技术、仿真验证技术和测量计量技术。学科建设主要包括高校时间频率重点学科建设、科研平台建设（如重点实验室和工程中心建设）和时间频率学术委员会建设。人才培养包含 4 个层次，即科普教育、大学与研究生教育、专业技能人员培训和高端人才培养。国际合作包括学术交流会、政府间合作与区域合作，主要合作对象有欧美发达国家、俄罗斯和亚太地区国家。

时间频率基础支撑技术体系如图 3 – 27 所示，在技术上主要涉及标准规范、基础技术和人才培养技术。其中标准规范涉及守时、授时、用时和基础 4 个方面的内容；基础技术包括监测评估技术、仿真验证与测试计量技术以及基础理论与前沿技术 3 个方面。人才培养方面主要涉及时间频率和人才培养信息化技术建设 2 个方面的教材编写。

时间频率基础支撑任务体系如图 3 – 28 所示，主要包括法律法规建设任务、标准规范制度任务、基础技术研究开发任务、学科建设规划实施任务、人才培养实施任务和国际合作计划实施任务。

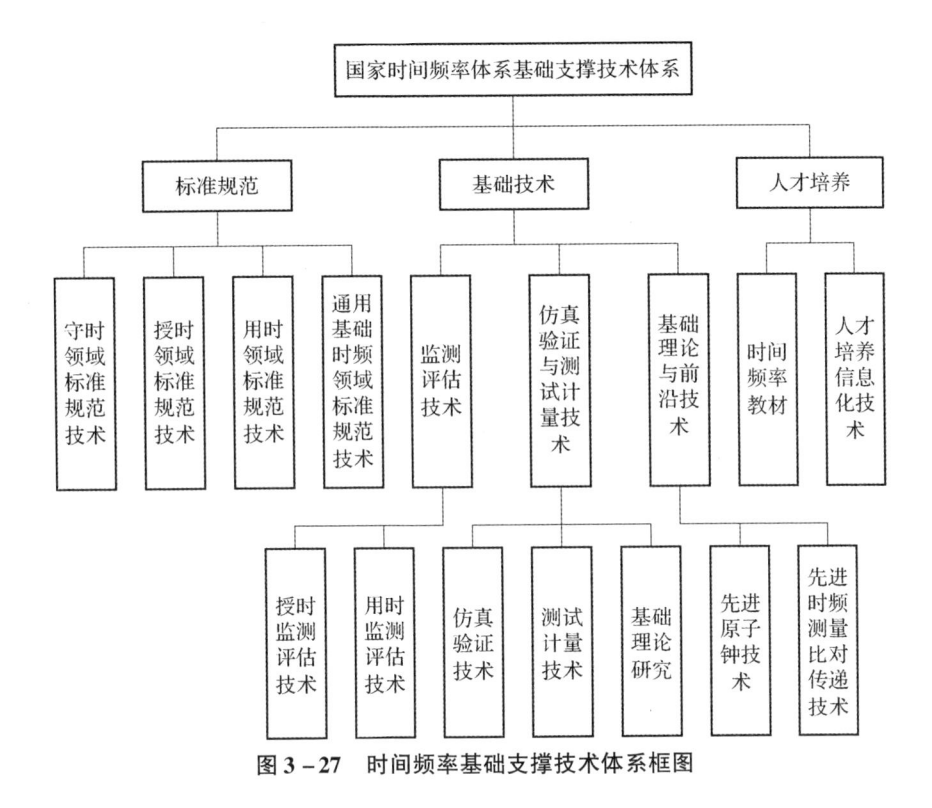

图 3-27 时间频率基础支撑技术体系框图

2. 存在问题及技术发展趋势

1）存在问题

（1）时频法规标准不完善，专业人才储备不充足。

我国时间频率体系建设主要集中在军队和各部委技术机构，时间频率建设投资分散，缺乏有效统一的组织规划和顶层设计，导致时间频率研究和建设处于低层次重复状态，整体发展战略研究和长远规划不够，协调管理机制不畅，政策法规不完善，时间频率系统整体性能与我国大国地位极不匹配。在标准制定方面，各业务部门根据自身需求申请制定，自成系统、分头建设，与国外先进水平相比，时频标准体系存在缺项和分布不均匀等问题。同时，我国很多现有标准过于陈旧，很多20世纪90年代制定的标准一直没有更新修订，依然现行有效。标准更新速度严重滞后于技术产品的发展，无法良好支撑技术的发展，一定程度上影响了技术的推广和应用。另外，时频技术作为新兴交叉学科，目前国内本科高等教育尚无对应专业，处于空白状态，仅有限几所大学在研究生阶段涉及时频专业相关研究。人才培养机制不完善，专业技术人才储备不充足，无法满足未来我国与我军时频领域研究的需求。

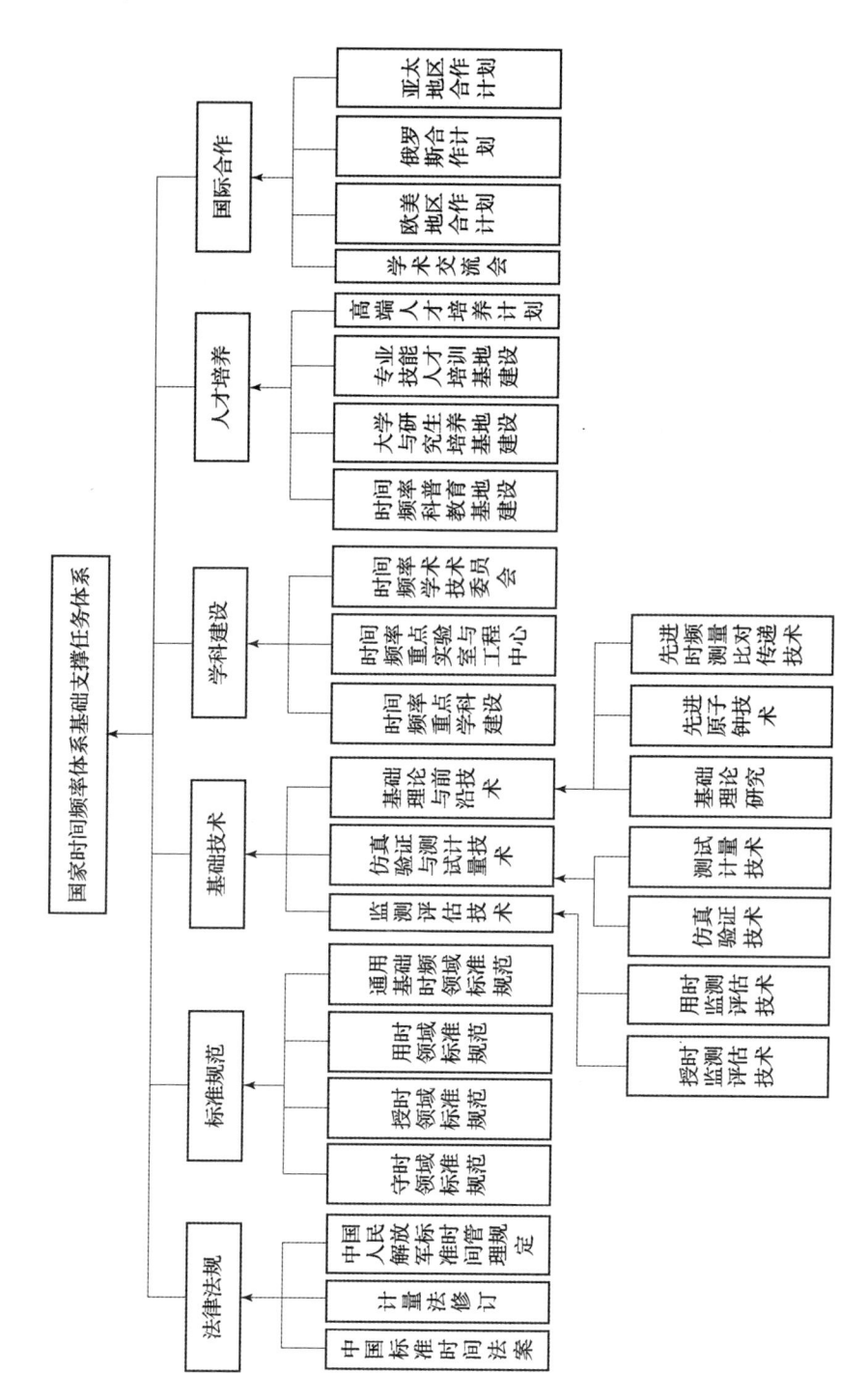

图 3-28 时间频率基础支撑任务体系框图

（2）先进时频技术工程化应用程度不足，监测评估与计量保障能力不足。

我国在前沿时间频率基准方面，已成功研制铯喷泉、锶原子光晶格钟、钙原子束光钟。这些时频基准设备性能优异，但由于缺乏相应的测量与传递手段，尚未加入守时钟组系统，没有为工程应用发挥高性能指标的优势。我国研制芯片级相干布居囚禁（Coherent Population Trapping，CPT）原子钟，虽然在实验室测试得到的指标与国外相同，但其在武器系统中的工程化应用还需要解决温度、振动等环境适应性问题。我国光纤时频传递技术已达到国际先进指标，但大多是在实验室内部闭环测试，实际环境中的工程应用问题尚未完全解决，缺乏针对真实环境温度等因素产生延时的补偿研究结果，因此，先进技术用于实际工程中的性能无法达到预期指标。另外，现有测试水平无法满足先进技术的测试校准保障需求。光原子钟的应用与测量需要光频梳技术的支持，光钟之间的比对也对现有技术提出了挑战，需要时间间隔的测量达到皮秒甚至更高量级的分辨力。

2）技术发展趋势

（1）时间频率装备体系顶层设计日益重视，法规标准和人才体系日益完善。

随着"十二五"国家时间频率体系建设工作的推广，法规标准体系的顶层设计逐步加强。通过对现有标准的统计梳理，根据需求的紧迫程度，制订了体系标准编制计划，法规标准体系不断完善。新制定和修订的标准紧跟技术发展，满足最新技术的实用化要求；顶层框架尽量涵盖时频技术的全部内容，对时频技术发展起到全面支撑作用；与国际先进标准发展协调一致；适用于军用和民用领域，满足先进性、全面性、协调性和兼容性。随着我国对时频发展的重视提高和投入加大，长年工作在科研一线的中青年人才已获得丰富的经验，成为时频科技创新的中坚力量，越来越多年轻高学历人才的加入使时频领域的未来充满希望。

（2）时间频率基础支撑技术快速发展，时频标准和测量技术性能指标不断提升。

过去几十年，时间频率基准的性能基本上以每10年一个量级的速度飞跃。基于铯原子频率跃迁的秒定义已经沿用了数十年，目前光频标准性能指标已经比最精密的铯原子标准高2个量级，且多个国家的研究机构都完成了光频标准的研制，并利用远程比对传递网络进行比对。相关国际组织正在开展秒定义修订评估与准备工作，随着国内外光钟工程化的成熟及测量比对技术的进步发展，可以预见，未来数年内基于新型原子的光学频率跃迁谱线基准必将取代铯原子基准成为新的秒定义标准。

第 4 章
常用仪器设备

时频检校的主要内容就是时频信号的计量，该工作涉及各种测量、产生或控制时间或频率信号的仪器设备。常用的仪器设备主要包括：基本的电子测量仪器，如万用表、示波器；时间频率标准仪器，用于提供高准确度的时间或频率信号，如原子钟、石英晶体振荡器；时间频率测量设备，用于测量时间或频率信号的参数或性能，如时间间隔计数器、频率计数器、频标比对器；时间频率合成设备，用于产生特定频率的时间或频率信号，如信号发生器、频率合成器。此外，还包括时频分配与切换设备、授时设备等时统设备，在此不一一列举。

本章针对常用的仪器仪表，以特定型号为例，重点介绍其操作使用方法及注意事项。相关内容可能与实际应用存在型号、功能、指标等方面差异，具体使用过程中应参考用户手册。

4.1 万用表与示波器

万用表和示波器是 2 种常用的电子测量仪器。万用表是一种多量程可调和测量多种电量（电阻、电压、电流等）的便携式电子测量仪表，是最基本、最常用的电子测量仪器。一般的万用表以测量电阻，交、直流电流，交、直流电压为主，有的万用表还可以用来测量电容、电感，判别二极管、三级管极性等。在电子测量时，我们通常希望能直观地看到电信号随时间变化的规律，直接观察并测量信号的波形特征、幅度、频率、相位等基本参量。实现这个功能的仪器是示波器，目前的示波器大部分具备进行数学计算、噪声分析、数据存储等拓展功能。

4.1.1 数字万用表

万用表按工作原理可分为模拟式万用表和数字式万用表 2 类。这里主要介绍目前常用的数字万用表的基本功能和使用方法。

1. 功能介绍

数字万用表如图 4-1 所示，数字万用表一般由模数（Analog to Digital Converter，A/D 转换器）、液晶显示器（Liquid Crystal Display，LCD 显示器）、电源和功能开关等构成。其中，A/D 转换器将外部输入模拟量转换成数字量，LCD 显示器用来显示各种测量值，电源和功能开关控制开关机以及功能选择等。

相比于模拟万用表，数字万用表显示更直观、操作更简单，主要特点包括：

（1）数字显示，直观准确，无视觉误差，并具有极性自动显示功能。

图 4-1　数字万用表示意图

（2）测量速度快。

（3）输入阻抗高，对被测电路影响小。

（4）电路的集成度高，便于组装和维修，数字万用表的使用更为可靠和耐久。

（5）测试功能多，除电压、电流、电阻外，有的还可测量电容、温度等。

（6）保护功能齐全，有过压、过流保护，过载保护和超输入显示功能。

（7）功耗低，抗干扰能力强。

（8）便于携带，使用方便。

数字万用表根据显示的位数可分为三位半、四位半、五位半等，有的甚至更高。数字万用表的位数，即数字万用表显示屏上能显示数字的位数，由整数位和分数位组成。能显示 0~9 所有数字的是整数位，反之称为分数位。例如，其最大显示值是 1999，最高位只能是 0 或 1，满量程数值为 2000，因此分数位是 1/2，称为 3(1/2)，读作"三位半"。同样，四位半、五位半等数字万用表的最大显示值分别为 19999、199999，以此类推。

下面以 UT58B 型万用表为例介绍数字万用表面板及其功能，图 4-2 为 UT58B 型数字万用表示意图面板。万用表显示屏主要用来显示测量结果，在显示结果的周围还会显示测量项目提示符、万用表工作状态提示符等。在任何测量情况下，当按下数据保持按键开关（HOLD 键）时，仪表显示随即保持测量结果，再按一次 HOLD 键时，仪表显示的保持测量结果自动解锁，显示当前测量结果。旋转功能量程选择旋钮用来选择测量的项目和量程，万用表功能说明如图 4-3 所示。

73

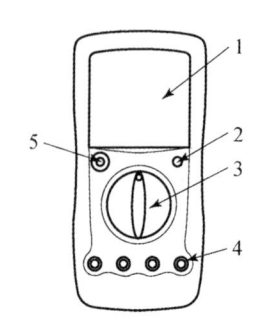

1：万用表显示屏
2：数据保持按键开关(HOLD)
3：功能量程选择旋钮
4：4个输入端口
5：电源按键开关(POWER)

图 4-2　UT58B 型数字万用表面板

开关位置	功能说明
V⎓	直流电压测量
V~	交流电压测量
⊣⊢	电容测量
Ω	电阻测量
▶⊢	二极管测量
♫	电路通断测量
A⎓	直流电流测量
A~	交流电流测量
℃	温度测量（仅适用于UT58B、C）
hFE	三极管放大倍数测量
POWER	电源开关
HOLD	数据保持开关

图 4-3　万用表功能说明

对于表笔的连接，黑表笔要插在"COM"插口内，红表笔根据不同的测量项目插入不同的插口。例如，测量电阻或电压时，要插入"Ω/V"插口；测量电流时，要插入"μA/mA"或"10A"插口。

电源按键开关 POWER，用来打开和关闭万用表电源（有一些数字万用表没有单独电源开关，而是直接集成在功能量程选择旋钮，对应"OFF"档位置）。

2. 使用方法

使用万用表前先按下电源开关，观察液晶显示是否正常，如电池缺电标志出现，则要先更换电池。

1）功能和量程的选择

使用万用表时，首先要根据待测量的量把选择开关旋至相应位置，然后根据估计值选择量程，切勿误接量程以免电路受损，不确定时尽量从大量程逐级减小。

量程选定后，读数时万用表显示屏上显示的值乘以所选择的量程才是被测量的实际值。例如，用万用表测量电阻时，电阻测量值＝指示值×倍率。选择"2K"档，读数为1.25，则阻值为$1.25 \times 1k\Omega$。

2）表笔的使用

对于目前广泛使用的数字万用表，红表笔接电压或电流插口（红色），黑表笔接"COM"插口（黑色）内。以前的模拟万用表由于内部电路的不同，红表笔接"－"插口，黑表笔接"＋"插口内，注意加以区分。

无论测量什么量，黑色表笔永远都是接"COM"插口，而红色表笔在测量电流时，需要接标有电流标识的插口（依据测量量程不同二选一），测量其他量时，则接"Ω/V"插口。

3）测量

（1）电流的测量。

使用万用表电流档测量电流时，万用表串联进电路中之前，要先把电路的电源关掉，断开被测支路，将万用表红、黑表笔正确串联在被测电路中，因为只有串联才能使流过电流表的电流与被测支路电流相同。特别注意不要将万用表并联在被测电路中，这样做是很危险的，极易使万用表烧毁。在完成所有的测量操作后，应先关断电源再断开表笔与被测电路的连接，对大电流的测量这一点更为重要。测量时应使用正确的输入端口和功能档位，如果不能估计电流的大小，应从高档量程开始测量，以免烧坏万用表。

（2）电阻的测量。

在线测量电阻时，要断开被测电路电源，将万用表红、黑表笔正确并联在被测电路中，并将所有电容器放尽电荷，不能带电测量。另外，被测电阻不能有并联支路，有并联支路时测得的电阻是与并联支路的并联电阻。测量时也不能用手接触两只表笔金属部分，以免人体与被测电阻并联增加测量误差。如果测得的电阻很大，或阻值超过仪表最大量程时，显示器显示"1."，这时可能是电路断路或者接触不良，如果测得的电阻太小，则可能是电路短路。

(3) 电压的测量。

测量电压时,万用表要与被测电路并联。测量方法与测量电阻基本相同,但是需要带电测量,档位选择在电压测量档上。电压和电流测量均需要区分交流和直流,在选择时需要注意。

4) 使用注意事项

(1) 尽量避免在高温、阳光直射、潮湿、寒冷、灰尘多的环境下使用或存储数字万用表,以免损坏显示屏和电子器件。

(2) 测量时不要超过万用表量程,以免损害人身安全或烧坏仪器。

(3) 测量时,不能用手捏住表笔的金属部位,以免人体电阻分流,进而增大测量误差或触电。

(4) 改变量程时,表笔应先与被测点断开。

(5) 测量时要避免测量的误操作,如用电压档测电流、电阻档测电压等。

(6) 测量完毕后,选择开关应置于直流电压最大量程处。

(7) 不测量时,应拔出表笔,关闭电源。

4.1.2 数字存储示波器

示波器主要有模拟示波器和数字存储示波器。早期的数字存储示波器是在模拟示波器的基础上增加一个数字化处理和存储电路,经过数字化存储之后的信号,仍然需要转换为模拟信号送给静电偏转阴极射线管(Cathode Ray Tube,CRT)显示器进行显示。随着微处理器和光栅扫描 CRT 显示技术在数字存储示波器中的应用,被测信号数字化存储以后的信号数字样品不再转换为模拟信号,而是经过计算机处理,直接以像素的方式显示出被测波形,即数字存储示波器,又称为数字化示波器,后来统称为数字示波器,如图 4-4 所示。

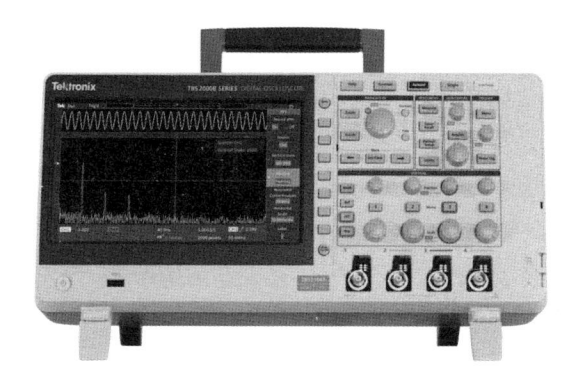

图 4-4　数字示波器

数字示波器采用了数字化技术和计算机技术，可以根据需要对数字化的信号进行数据存储、运算和加工处理，最终恢复并显示被测信号波形，因此数字示波器具备许多传统模拟示波器（包括早期意义的数字存储示波器）无法比拟的特点和优点：

（1）能够捕捉单次信号、随机信号、低重复速率信号，并进行测量和分析。

（2）能够获得触发前或触发后的信息。

（3）通过软件实现自动参数测量，测量精度高，不受人为因素影响。

（4）灵活多样的触发和显示，增加了捕捉和测量能力。

（5）容易进行波形存储、比较和后处理。

（6）容易实现硬拷贝输出、存档和交流。

（7）容易组成自动测试系统或远程控制等。

数字存储示波器在功能和频带宽度上都具有模拟示波器难以比拟的优势，所以，数字存储示波器在各个领域都获得了广泛的应用，模拟示波器已逐步退出历史舞台。这里主要介绍数字存储示波器的基本原理和使用方法。

1. 工作原理

示波器基本结构如图 4-5 所示，示波器主要包括垂直（Y）系统、水平（X）系统、触发系统和显示屏。电信号能以波形的形式在示波器显示屏上显示主要是由垂直扫描、水平扫描和触发共同作用完成的。

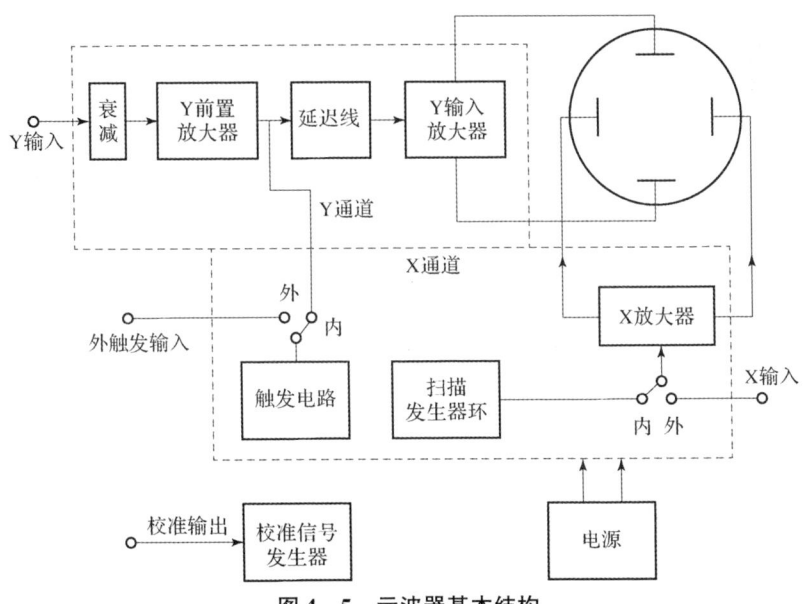

图 4-5 示波器基本结构

示波器一般都有 2 个或 4 个垂直输入通道，每个通道都有一个增益开关，可以设置屏幕上每刻度对应的电压值，或者说可以使波形在垂直方向上进行放大或缩小。垂直扫描系统还包含一个垂直扫描位置控制，可以上下移动显示信号。至少有一个通道带有反相控制，可以反相显示信号波形。

为了描绘一幅图形，我们必须要有水平和垂直 2 个方向的信息。垂直扫描使信号显示于屏幕的垂直方向，而水平扫描信号使输入信号与时间成一定比例显示。示波器描绘的轨迹表明信号随时间的变化情况，因此其水平偏转必须和时间成正比。如图 4-6 所示，类似于垂直扫描，水平扫描也有一个扫描时间刻度开关，可以设置屏幕上每刻度对应的时间值，即时基的放大和缩小。水平扫描系统也包含一个水平扫描位置控制，可以左右移动显示信号。

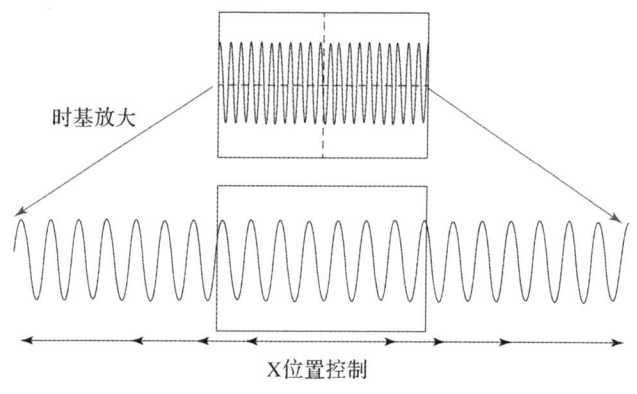

图 4-6　时基放大和 X 位置控制

利用已有的垂直和水平扫描信号生成一幅电压时间关系图，然而，如果水平扫描信号每次扫描起始点，不是输入信号在其波形中同一位置的点（假设信号是周期的），那么显示出来的图形就会一片混乱，即输入波形与它自身在不同时间内波形的叠加。这个问题的解决需要触发系统的帮助。

触发是示波器中最复杂的部分，触发的正确设置可以使不稳定的图形变为有意义的信号。触发电路的作用就是保证每次时基扫描或采集的时候，都从输入信号上相同的触发条件开始，这样每一次扫描或采集的波形就是同步的，可以使每次捕获的波形相重合，从而显示稳定的波形。触发电路允许选择扫描的起点电平和斜率（正或负），在示波器面板上可以看到几个关于触发源和触发模式的选择。

在标准（NORMAL）模式下，当所选触发源经过设定的触发点时开始扫描，沿着设定的方向（斜率）运动。在实际应用中，常常要调整起点电平才能得到稳定的波形显示。在自动（AUTO）模式下，如果没有信号，扫描将会自由运动，这一点非常好，因为如果信号值在某些时候降得很低，屏幕上也不至于完全没有波形显示，也不会误以为信号已经消失。如果要观察的是很多不同的信号，又不想每次设置触发模式，那么用自动模式是最好的选择。单次捕获模式是用于非周期信号的，当输入的单次信号满足触发条件时，进行捕获（扫描），将波形存储和显示在屏幕上。此时再有信号输入示波器将不予理会，需要再次捕获必须进行单次设置。

触发源决定触发信号从哪里获得。在多数情况下，触发信号来自输入信号本身，如果只使用一个通道，那么触发源就设置为该通道，如果使用多个通道，那么触发源可以从这些通道中选取，但只能选取其中一个通道作为触发源。外部（EXT）触发源输入适用于以下情况：如果已经有了一个干净信号，而它的变化速率与想观察的带噪声信号相同，这时就可以把干净信号作为外部触发源。通常，如果用一个测试信号来驱动某一电路，或者在某一数字电路中用一时钟信号来使电路工作同步，就可以使用外部触发输入。

2. 性能指标

1）频带宽度

表征示波器的最高响应能力。示波器中放大器的模拟带宽决定了示波器的带宽。放大器是信号进入示波器的大门，它的带宽决定了示波器的带宽，示波器能请进什么样的信号由这个大门来决定，带宽不足会导致信号失真。数字示波器的带宽也是模拟带宽。

2）数字示波器采样率

采样率以"点/秒"来表示。数字示波器不但观测重复信号，同时需要观测单次事件信号。虽然放大器的带宽保证了信号输入不失真，但如果采样率不足还是会造成显示信号漏失和失真。所以示波器必须具有足够的采样速率，用以捕捉单次信号和精确恢复显示波形。

我们在确定示波器的带宽后，还要选择足够的采样率来与之配合，这样才能获得适合于实际测量中的实时带宽，从而获得满意的显示和测量结果。示波器采样率不足，将会使信号失去高频成分，影响对信号的完整性测量。如果在实际的测量中，比较重视单次信号的精确信息，采样率要在带宽的 5 倍以上，最好能在 8~10 倍。

3）示波器存储深度

一个波形记录是指可被示波器一次性采集的波形点数。最大记录长度由示波器的存储容量决定，要增加存储容量才能增加记录长度。示波器的记录长度取决于以下 2 个方面，即触发信号和延时的设定确定了示波器存储的起点，示波器的存储深度决定了数据存储的终点。

在保证对单次信号进行精确捕获的前提下，示波器存储深度越长，波形的存储时间就越长。使用的如果不是示波器最高采样率，对单次信号进行捕获时，提高采样率可以提高对信号的捕获精度和分辨率，但降低了存储信号的时间。采样率和存储深度有限时，要提高存储时间，只能降低采样率，但是降低采样率将失去波形的细节以及信号的高频成分，使复现信号发生畸变。如果单次信号时间较长，要保证信号中高频信息不丢失（信号漏失和畸变），需要我们综合考虑示波器带宽、采样率和存储深度等指标，保证被测信号的精确复现。

3. 示波器面板

TDS2024B型示波器是美国泰克（Tektronix）生产的数字存储示波器，频带带宽为200MHz，彩色显示，采样率为2.0GS/s，存储深度为2.5K，4个输入通道。下面简单介绍TDS2024B的操作面板。

1）背面板

TDS2024B背面板如图4-7所示，"电源接口"用于连接220V电压电源，"USB设备接口"用于与个人计算机（Personal Computer，PC）之间进行数据交互。通过USB简便地与PC机通信，Open Choice PC通信软件和NI Signal Express TE互动测量软件可以在示波器和PC之间传送波形数据、屏幕图和前面板设置，无须编程就可以无缝集成PC。这两个软件都可以把数据传送到单机版桌面应用程序、Microsoft Word或Microsoft Excel中。需要打印图形和测量数据时，可以通过USB设备端口把屏幕图直接打印到任何兼容PictBridge的打印机。每个图像都可以打上日期、时间和仪器型号及串号（如果打印机支持）。

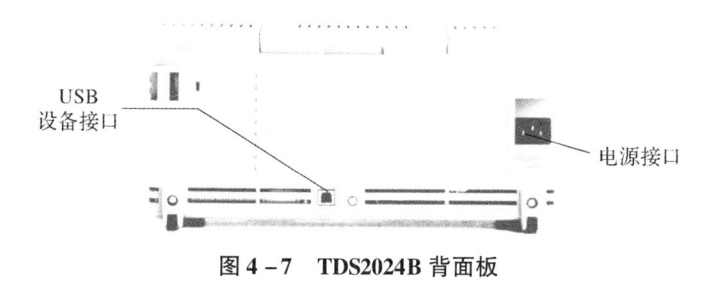

图4-7 TDS2024B背面板

2）前面板

TDS2024B的前面板如图4-8所示，前面板被分成几个易操作的功能区：显示区域、菜单使用系统、垂直控制、水平控制、触发控制、菜单和控制按钮、1个外部触发和4个输入通道。

（1）显示区域。

显示区域除显示波形外，显示屏上还含有很多关于当前波形和示波器控制

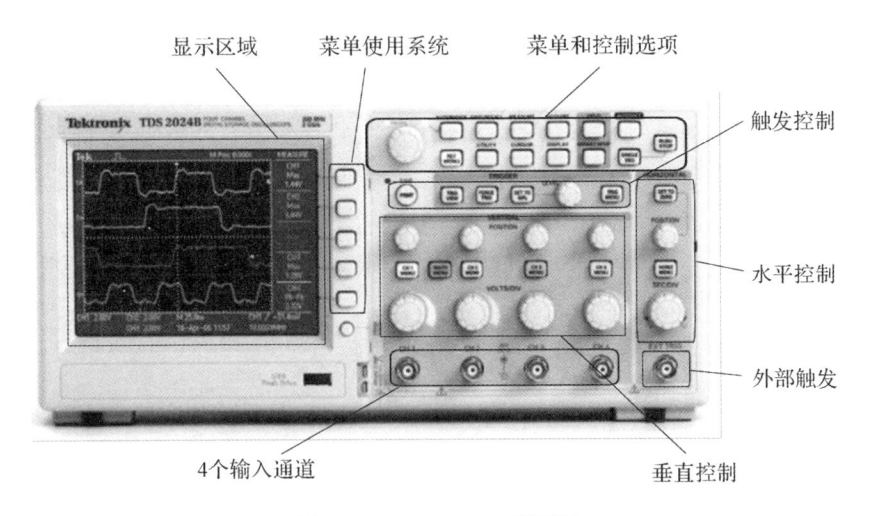

图 4-8　TDS2024B 前面板

设置的详细信息，如采集模式、触发状态等。

（2）菜单使用系统。

这部分用于方便地访问特殊功能，按下前面板菜单和控制按钮，示波器在显示屏的右侧显示相应的菜单选项。

操作菜单选项有 4 种情况，如图 4-9 所示："页面（子菜单）选择"对于某些选项，按下后会在屏幕右面显示下一级菜单；"循环列表"每次按下选项按钮时，示波器都会将参数循环设定为不同的值；"动作"按下时，示波器显示立即发生的动作类型；"单选钮"为每一选项使用不同的按钮，按下时，选择对应选项并被加亮显示。

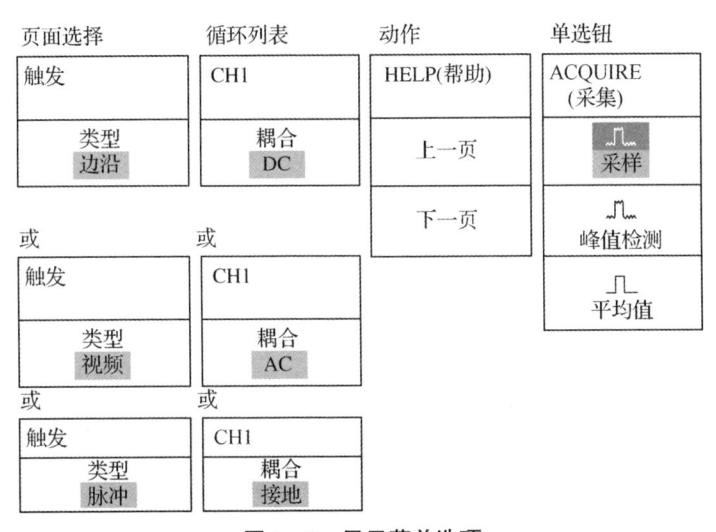

图 4-9　显示菜单选项

（3）垂直控制。

垂直控制部分如图4-10所示。旋转"POSITION（位置）"旋钮，可以在垂直方向移动波形，当光标使用的LED变亮时，此旋钮可控制光标的移动；"CH×MENU（通道菜单）"按钮用来显示垂直菜单选择项并打开或关闭对通道波形的显示；"VOLTS/DIV（伏/格）"旋钮用来选择标定的刻度系数，在垂直方向上缩小或放大波形；"MATH MENU（数学计算菜单）"显示波形的数学运算，并可用于打开和关闭数学波形。

（4）水平控制。

水平控制部分如图4-11所示。"POSITION（水平位置调整）"旋钮用来调整所有通道波形的水平位置；"HORIZ MENU（水平菜单）"用来显示水平菜单；"SEC/DIV（秒/格）"旋钮为主时基或窗口时基选择水平的刻度系数，在水平方向上缩小或放大波形；使用"SET TO ZERO（水平位置为0）"按键可以将水平位置恢复到参考零时间点。

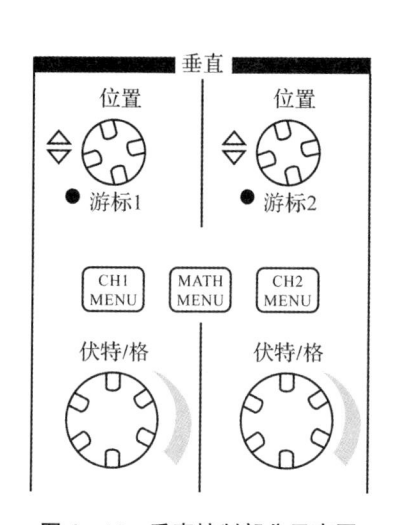

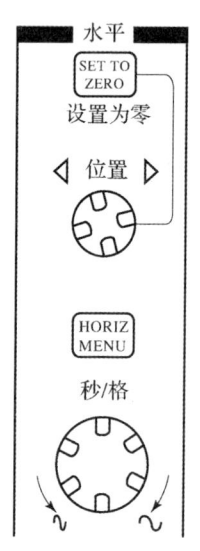

图4-10 垂直控制部分示意图　　图4-11 水平控制部分示意图

（5）触发控制。

触发控制选项如图4-12所示，作用是通过触发的控制，选择适当的触发点，稳定地显示波形，可以显示重复信号，也可以捕捉单次信号。

图4-12 触发控制选项

"LEVEL（电平）"旋钮边沿触发时控制触发电平幅度，信号必须高于它才能进行采集，还可使用此旋钮执行"用户选择"的其他功能，旋钮下的 LED 发亮以指示此功能有效；"TRIG MENU（触发菜单）"按钮显示触发菜单及选项，包括触发类型、触发源、触发模式等；"SET TO 50%（设为 50%）"按键，使用这一按键选择垂直中点作为触发电平；"FORCE TRIG（强制触发）"按键按下后，不管触发信号是否满足条件，都完成采集；"TRIG VIEW（触发观察）"按键按下时，显示触发波形而不显示通道波形，可用此按钮查看如触发耦合之类的触发设置对触发信号的影响。

（6）菜单和控制按钮。

此部分用于显示和控制各种菜单，菜单和控制面板如图 4-13 所示，菜单和控制按钮功能如表 4-1 所列。

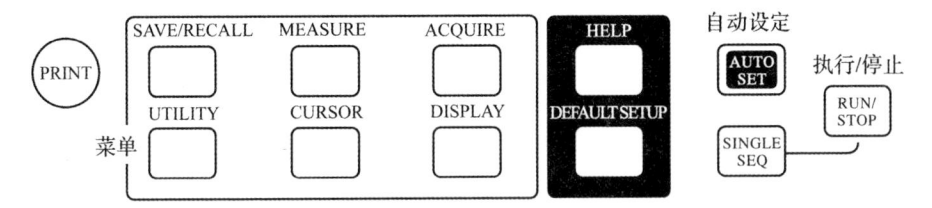

图 4-13 菜单和控制面板

表 4-1 菜单和控制按钮功能

按钮名称	按钮意义	按钮功能
SAVE/RECALL	保存/调出	显示设置和波形的"保存/调出菜单"
MEASURE	测量	显示自动测量菜单
ACQUIRE	采集	显示"采集菜单"
DISPLAY	显示	显示"显示菜单"
CURSOR	光标	显示"光标菜单"
UTILITY	辅助功能	显示"辅助功能菜单"
HELP	帮助	显示"帮助菜单"
DEFAULT SETUP	默认设置	调出厂家设置
AUTO SET	自动设置	自动设置示波器控制状态，产生适用于输出信号的显示图形

续表

按钮名称	按钮意义	按钮功能
SINGLE SEQ	单次序列	采集单个波形，然后停止
RUN/STOP	运行/停止	连续采集波形或停止采集
PRINT	打印	开始打印操作

当显示"光标菜单"并且光标被激活时，"垂直位置"控制方式可以调整光标的位置。离开"光标菜单"后，光标保持显示（除非"类型"选项设置为"关闭"），但不可调整。

（7）外部触发。

外部触发源的输入连接器。使用"触发菜单"可以选择"外部"触发源。

（8）4个输入通道。

模拟信号输入连接器，可最多同时输入4路信号。

4. 使用方法

1）功能检查

进行功能检查可以验证示波器是否能正常工作，步骤如下：

（1）打开示波器电源，等待约1分钟，直到显示屏显示已通过所有开机测试，再按下"默认设置"按钮，探头选项默认的衰减设置为"10×"。

（2）将P2200探头开关设定到"10×"，并连接探头至示波器的通道。要进行此操作，将探头连接器上的插槽对准CH1 BNC上的凸键，按下去即可连接，然后向右转动将探头锁定到位，将探头端部和基准导线连接到"探头元件"连接器上。

（3）按下"自动设置"按钮。如果在数秒钟内能看到频率为1kHz、电压为5V峰峰值的方波，则示波器正常工作。

可以用同样的方法检查其他通道。

2）垂直/水平控制

示波器都有直流耦合、交流耦合、接地等几种耦合方式可供选择。直流耦合时，在屏幕上看到的显示包含了直流分量及信号电压。但有时想观察的是一个加于大直流电压上的小信号，在这种情况下可以把输入切换到交流耦合上，对输入信号进行容性耦合。大多数示波器还会有一个已接地的输入点，可以让我们看到零电压值在屏幕上的位置（在接地点，信号并不是直接与地短接，而是与输入接地的示波器断开）。

垂直输入通道的输入阻抗一般为高阻抗 1MΩ，有的也有 50Ω 可选。50Ω 的设置可用于连接探头或要求 50Ω 终端阻抗的电路，但在一般情况下，出于安全的考虑，建议采用高阻输入（1MΩ）。

垂直控制调整观测电压范围，水平控制则调整观测时间，都由相应的旋钮来调节，显示区显示相应刻度。其中，垂直控制可单路独立调节，水平控制则多路同时调节，除了调整显示刻度外，也可调整波形的上下、左右位置。

3）探头补偿

在首次将探头与任一输入通道连接时进行此项调节，使探头与输入通道相配。未经补偿或补偿偏差的探头会导致测量误差或错误。将探头菜单衰减系数设定为"10×"，将探头上的开关设定为"10×"，如图 4-14 所示，并将示波器探头与通道 1 连接。如果使用探头钩形头，应确保与探头接触紧密。将探头端部与探头补偿器的信号输出连接器相连，基准导线夹与探头补偿器的地线连接器相连，打开通道 1，然后按 AUTO。

图 4-14　探头开关设定示意图

如果需要，可以用探头补偿调节棒或者非金属质地的改锥调整探头上的可变电容，直到屏幕显示"补偿正确"的波形，如图 4-15 所示。

补偿过度　　　　补偿正确　　　　补偿不足

图 4-15　探头补偿结果示意图

4）接地

与绝大部分测量仪器一样，示波器的输入端与仪表接地端（输入 BNC 连接器的外部连接）相对，而接地端同时与机壳相接。借助于三相电源线，它可以反过来与交流电源的接地线连接。这就意味着无法测量一个电路中任意两点之间的电压,而只能测量与公共地相对的信号电压。

这里要注意一点:如果试图将示波器探针的地线夹子连到电路中对地有某个电压值的点,就会因为将这一点短路到地而造成被测电路的混乱。如果确实需要测两点之间的电压信号,可以将一个输入通道反相,然后将开关调至通道相加(ADD)状态。

关于接地的问题,还有一点需要注意:当要测量的是弱信号或高频信号时,一定要保证示波器的地与被测电路的地是相同的。最好的方法就是将探针的地线直接连到电路的接地点上,然后用探针测一下接地点,以检查是否已经接好了。这种方法有一个问题,一般探针的地线夹子可能早就丢了,所以需要把探针等附件放在抽屉内妥善保存。

5)基本测量操作

示波器可以对波形进行测量,有几种测量方法,可以用刻度、光标进行测量,也可以执行自动测量。刻度测量,可以通过计算相关的主次刻度分度并乘以比例系数来进行简单的测量;光标测量(电压和时间),可以通过移动总是成对出现的光标并从显示读数中读取它们的数值从而进行测量,使用光标时,要确保将"信源"设置为显示屏上想要测量的波形;自动测量,"测量"菜单可以采用最多 5 种参数自动测量,如果采用自动测量方法,示波器会为用户进行所有的计算,比刻度或光标测量更精确。自动测定使用读数来显示测量结果。自动测量时,示波器采集新数据的同时对测量结果数据进行周期性更新。

这里介绍几个主要功能的基本操作,供大家参考用于解决自己实际的测试问题。首先要把待测电路和示波器准备好并连接,如图 4-16 所示。

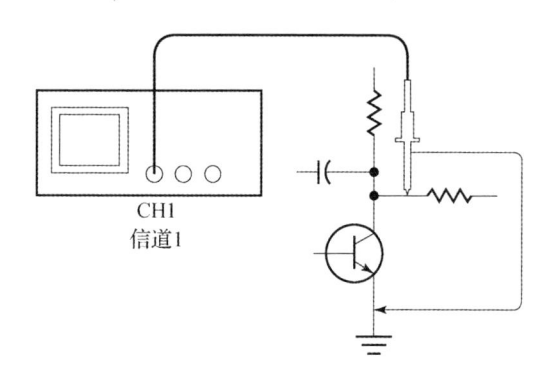

图 4-16 示波器连线示意图

(1)自动设置的使用。

可以快速显示某个信号,步骤如下:

①按下 CH1 菜单按钮,将探头选项衰减设置成 10×。

②将探头上的开关设定为 10×。
③将通道 1 的探头与信号连接。
④按下自动设置按钮。

示波器自动设置垂直、水平和触发控制。如果要优化波形的显示，可手动调整上述控制。

（2）自动测量的使用。

示波器可自动测量大多数显示出来的信号。要测量信号的频率、周期、峰峰值、上升时间以及正频宽，可以按如下步骤进行：

①按下测量按钮，查看"测量菜单"。
②按下顶部的选项按钮，显示"测量 1 菜单"。
③按下类型选项按钮，选择频率。值读数中显示测量结果及更新信息。
④按下返回选项按钮。
⑤按下顶部第二个选项按钮，显示"测量 2 菜单"。
⑥按下类型选项按钮，选择周期。值读数显示测量结果及更新信息。
⑦按下返回选项按钮。

以此类推，还可以自动测量信号的周期、峰峰值、上升时间等。

（3）光标的使用。

下面以测量振荡频率和测量上升时间为例来介绍光标的使用。

测量振荡频率步骤如下：

①按下光标按钮，察看"光标菜单"。
②按下类型选项按钮，选择时间。
③按下信源选项按钮，选择 CH1。
④旋转光标 1 旋钮，将光标置于振荡的第一个波峰上，如图 4 – 17 所示。

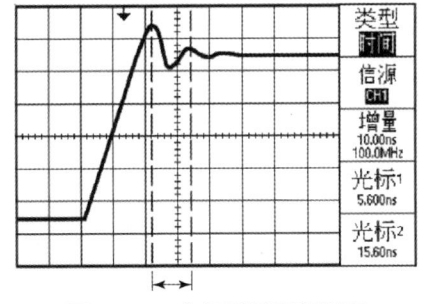

图 4 – 17　光标测量振荡频率

⑤旋转光标 2 旋钮，将光标置于振荡的第二个波峰上。

这时，在"光标菜单"中显示时间增量和频率增量（测量所得的振荡频率）。

通常情况下，应当测量波形电平的10%~90%之间的上升时间。测量上升时间的测量步骤如下：

①旋转秒/刻度旋钮以显示波形的上升沿。

②旋转伏/格和垂直位置旋钮将波形振幅大约5等分。

③如果"CH1菜单"未显示，可按下CH1菜单按钮。

④按下伏/格选项按钮，选择细调。

⑤旋转伏/格旋钮将波形振幅精确的5等分。

⑥旋转垂直位置旋钮使波形居中，将波形基线定位到中心刻度线以下2.5等分处。

⑦按下光标按钮，查看"光标菜单"。

⑧按下类型选项按钮，选择时间。

⑨旋转光标1旋钮，将光标置于波形与屏幕中心下方第二条刻度线的相交点处，这是波形电平的10%，如图4-18所示。

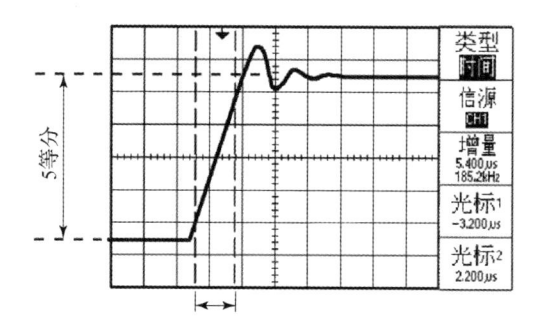

图4-18 测量上升时间

⑩旋转光标2旋钮，将第二个光标置于波形与屏幕中心上方第二条刻度线的相交点处。这是波形电平的90%。

⑪"光标菜单"中的增量读数即为波形的上升时间。

依此类推，还可以用光标测量脉冲宽度、信号幅度等。

4.2 原子钟

原子钟（原子频标）是以原子跃迁振荡为基准制造的产生精确的时间频率信号的仪器设备，具有高准确度和高稳定度的特点。原子钟的使用方法是将其输出的时间频率信号与其他仪器设备或系统进行同步或校准，从而实现高精度的时间频率测量或传输。原子钟的种类有很多，如氢原子钟、铷原子钟、铯原子钟等，它们的准确度和稳定度各有不同，一般来说，原子钟的准确度和稳定度与原子或分子的共振频率的宽度成反比，也就是说，共振频率越窄，原子钟的准确度和稳定度越高。下面介绍3种典型原子钟设备的基本使用方法。

4.2.1　VCH-1003M 型氢原子钟

VCH-1003M 主动型氢原子钟是产生高稳定、低噪声正弦波信号（5MHz，10MHz，100MHz）和秒脉冲信号（1PPS）的标准频率源，可作为独立的参考源及时间频率测量系统的参考源。可使用电脑（通过 IP 网络或 RS-232C 接口）对原子钟数据进行本地或远程监测和控制功能，配套应用软件可运行在 XP、Win7、Win10 系统。

1. 原子钟加电

在原子钟启动前，必须使用 USB 转串口线连接原子钟 RS-232C 接口与电脑 USB 接口，避免带电操作损坏原子钟内部组件。首先安装原子钟配套软件，再查看原子钟各线缆连接是否正确，确认无误后打开原子钟前面板"POWER"开关，原子钟开始运行，加电操作完成，启动电脑服务与管理软件，并按照软件操作步骤完成软件配置。

需要特别注意的是，原子钟串口严禁进行热插拔操作，即原子钟与其他设备通过串口连接时，需要一方单独或双方同时关机断电才可进行插拔串口操作。

2. 原子钟配套软件安装

VCH-1003M 原子钟启动后需通过电脑进行配置操作，其自带的配置软件有 VCH-1003M Server 原子钟服务器软件和 VCH-1003M Manager 原子钟管理软件。

原子钟服务器软件是服务器程序，软件本身不包含任何控制工具。当操作系统启动时服务器软件一般会自动启动，如若没有自动启动，则双击桌面"VCH-1003M Server"图标即可。

原子钟管理软件包含对原子钟的远程管理控制功能，启动该软件时，需双击桌面"VCH-1003M Manager"图标。

3. VCH-1003M Manager 原子钟管理软件操作

原子钟管理软件启动后，会出现密码输入对话框。输入密码后点击

"OK"确认，进入软件操作界面。

管理软件主界面包含"Control（控制）""Watches（查看）""Server Link Monitor"（服务器连接监视）、"History（记录）"和"Days History（历史记录）"窗口，其中，前三个窗口默认为打开状态，后面两个默认为关闭状态，用户可通过软件工具栏中的"View"选项查看上述窗口状态。

当"Server Link Monitor"项打开时，会出现与原子钟的连接情况。

关于VCH-1003M各项参数的状态可以通过"Watches"窗口看到，最新记录的日期和时间会在窗口标题栏的括号中显示，各模块的开关可以通过"Control"窗口进行操作，原子钟历史状态通过"History"窗口查看。

4.2.2 SOHM-4型氢原子钟

SOHM-4型氢原子钟由中国科学院上海天文台研制，是一款主动型氢原子钟。

1. 开机

1）操作步骤

（1）打开氢钟后面板上的总电源开关，将自动/手动开关处于自动档。智能监控板、晶振、接收机等电路开始工作，显示电压参数页。

（2）V1～V4正常工作，自动打开离子泵继电器，进入抽真空状态，显示离子泵参数页。

（3）当真空度达到要求，即离子泵电流（IONI）降到2mA以下时，自动开启氢钟恒温继电器，显示恒温控制电压参数。

（4）当恒温各参数正常后（所有电压值<20V），显示离子泵参数页。

（5）当IFL和TUNE正常后（即当中频信号电压达到2.5V左右，且调谐电压稳定在2.5V左右时），显示WORKING!，表示开机结束，氢钟进入正常工作状态。

2）注意事项

若为关机后重新启动，则需要监视IONI和电离源电流（OSCI），当达到关机前的数值后，开机完成。

若IONI达到关机前的数值，而OSCI小于关机前的参数，说明电离泡不变红，需人工干预，调节铑杆直到OSCI达关机前参数，等待"WORKING!"出现。在通常情况下，该提示的显示时间不应超过24h。

2. 关机

1）操作步骤

（1）按<控制>+<关机>键时，进入自动关机过程。

（2）关闭恒温和流量控制继电器，显示离子泵参数。

（3）当 IONI<0.8mA 且连续维持 4min 后，自动关闭离子泵继电器，显示"SHUT DOWN！"。

（4）手动关掉氢钟后面板的总电源。

2）注意事项

氢原子钟为精密仪器，其关机操作切记需要按照步骤关闭，严禁直接关闭电源或者切断电源，否则将严重损坏设备。

3. 休眠

短期不用，最好保持其真空状态。

按<控制>+<休眠>键，关掉流量继电器，使氢钟进入休眠状态，显示"SLEEPING！"。

4. 休眠启动

氢钟处于休眠状态时，按<控制>+<启动>键，氢钟从休眠状态重新工作。

当 IONI（mA）连续 3 次小于 1mA，则自动开启流量继电器，直至最后显示 WORKING！

4.2.3　5071A 型铯原子钟

5071A 型铯原子钟主要功能是产生 5MHz 频率信号，也可以输出 1PPS 脉冲信号，具有良好的长期稳定性，是应用较为广泛的一款原子钟。

1. 安装

5071A 型铯原子钟运输、安装和开关机设置必须由专业人员进行。开始操作前需仔细阅读操作说明。铯原子钟应置于原子钟房内铯钟柜内，确保原子钟水平放置，避免由机械操作、其他设备挤压等引起的地板震动，原子钟房的磁场强度应低于 80A/m。

2. 开机

1）操作步骤

（1）为设备接通电源，并开机。

（2）琥珀色指示灯亮起，并在前面板显示启动信息，如显示"Warning for Stabilization"，则需等待设备稳定，设备稳定后显示"Operating Normally"信息。

（3）约15min之后，前面板"Attention"（琥珀色）指示灯熄灭，连续的绿色指示灯闪烁。

（4）按"Shift"键，选择"5"（Utilities），LCD显示"RESET"；按"Enter"键，会重启连续运算电路，使得连续闪烁的指示灯稳定，上述任何步骤的操作失败都会引起指示灯熄灭或闪烁。

2）注意事项

开机前请确认设备外观是否完好，螺丝、面板等紧固件是否有松动。确保交流电设置正确，交流电保险丝、供电电源线和设备接地线已正确连接。5071A型铯原子钟直接连接电源即自动开机，无需使用开关，该型设备未设计电源开关。

4.3 时间频率测量设备

时间频率测量设备是指用于测量时间或频率信号的参数或性能的仪器设备，它们是时间统一系统运行维护的重要保障。

4.3.1 SR620型通用时间间隔计数器

SR620型通用时间间隔计数器是用途广泛的一款测量用仪器，可以测量时差、前沿抖动、频率等性能指标，在时间频率领域应用非常广泛，内部采用晶振作为时间基准，测量分辨率为25ps。

通用时间间隔计数器前面板如图4-19所示，前面板主要分为5个部分：显示屏、选择测量设置、输出显示设置、参数设置和输入设置，其中选择测量设置中各选择按键代表的含义如表4-2所列。

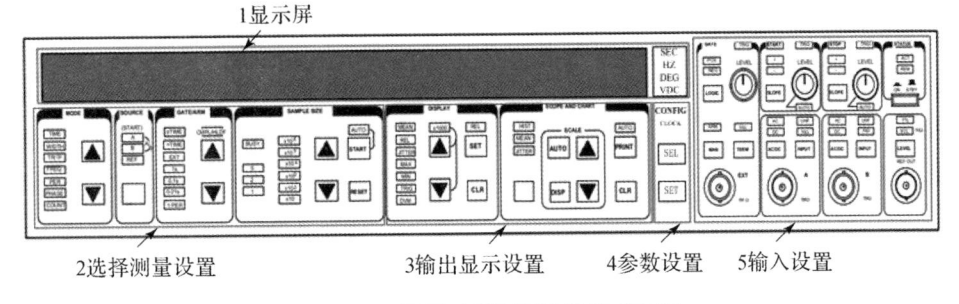

图 4-19 通用时间间隔计数器前面板

表 4-2 MODE 设置选项含义表

选择项	含义
TIME	时间间隔
WIDTH	脉冲宽度
T_R/T_F	脉冲上升时间和下降时间
FREQ	频率
PER	时间段
PHASE	相位
COUNT	计算事件

通用时间间隔计数器后面板如图 4-20 所示，主要包含常用的 4 个区域：区域 1 为外参考信号输入接口，类型为孔型 BNC，外参考接 5MHz 或 10MHz 信号；区域 2 为信息交换接口，类型为孔型 DB25 插座；区域 3 为电源插座和保险丝；区域 4 为接地柱。

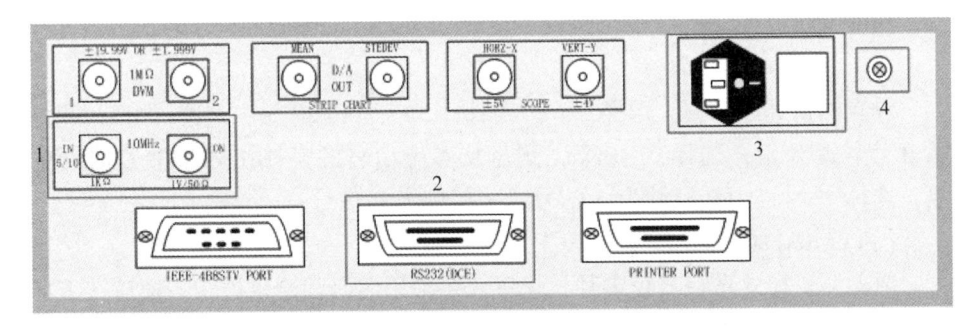

图 4-20 通用时间间隔计数器后面板

下面简要介绍 SR620 型通用时间间隔计数器的常用操作。

（1）开机。

在输入设置区域，按下电源开关，"STBY"指示灯变亮即表示已经开机。

（2）阻抗设置。

在输入设置区域，按下"INPUT"键，50Ω 指示灯变亮即可。

（3）设置触发电平。

在输出显示区域，按下"DISPLAY"中的"TRIG"键。

在输入显示区域，选择 A 路"START TRIG"中的 LEVEL 旋钮，将其设置成 0.7V（可根据需要设置），再选择 B 路"STOP TRIG"中的 LEVEL 旋钮，将其设置成 0.7V。

（4）设置外参考。

将 10MHz 外参考信号接入后面板区域 1 中"IN5/10"接口。

在前面板设置区域，按下"SET"键；按下"SEL"键，使屏幕菜单中的"CRL"闪烁；按下"SEL"键两次，此时屏幕显示选择参考类型菜单；按下"SEL"键选择外部参考源"rERr"，与其相对应的"int"为内部晶振。

按下"SEL"键，此时屏幕显示选择外部参考频率值菜单；按下"SEL"键选择外参考频率"10000000"即 10MHz。

（5）DISPLAY 显示设置。

在前面板输出显示区域中的"DISPLAY"中，使用上下箭头按键选择"MEAN"键，指示灯变亮即可。

设置选项中：MEAN 表示平均值；REL 表示参考值；JITTER 表示方差值，多用于测量脉冲信号的抖动；MAX 表示最大值；MIN 表示最小值；TRIG 表示信号触发电平。

（6）选择测量设置。

操作在前面板选择测量设置区域，MODE 通过上下箭头键选中相应测量模式，相应指示灯变亮。

（7）SOURCES 设置。

设置测量开始的源：选择"A"，测量从 A 信号源开始；选择"B"，测量从 B 信号源开始；选择"REF"，测量从参考信号源开始。如果测量时间间隔，选择"A"，则开门钟为 A 信号，关门钟为 B 信号。

（8）ARMING MODE 设置。

启动测量模式选择有很多种，这里介绍常用的启动测量模式。通过按下区域内右上角按钮来切换测量模式。

+TIME：测量范围 −1ns ~ 1000s，这个模式下，测量从一个脉冲信号上升沿开始到下一个脉冲上升沿结束。±TIME：测量范围-1000~1000s。

(9) SAMPLE 设置。

SAMPLE 表示采样，采样率范围从 1~1000000，一般设置为 1/s。单次按下"▲"或"▼"，可顺序选择采样范围，例如，当 Sample 区域最左侧指示灯位于 1，中间部分指示灯也位于 1 时，采样率为 1/s，此时按下"▲"按钮，中间部分指示灯将顺序上移，分别对应相应采样时间，当采样时间超过顶端时，会通过左侧指示灯上移到 10 来提示采样时间进位，即采样时间是两个指示灯显示数值的乘积。

4.3.2　VCH-314 频标比对器

频标比对器是一种高分辨力的专用测量仪器，用于测量和比较两个或多个频率源之间的频率差异和稳定性。其主要功能包括：频率稳定度测量，通过测量频率随时间的变化，评估频率源的长期和短期稳定性；相对频率偏差测量，测量两个频率源之间的频率差值，评估其频率同步精度；频率源性能评估，通过比较不同频率源的性能，选择最优的频率源；时间频率系统校准，校准时间频率系统中的频率源，保证系统的时间同步精度。频标比对器采用精密的测量技术和电路设计，可以测量非常小的频率差和频率变化，具有高精度、高分辨率的特点。VCH-314 频标比对器是一款基于频差倍增技术的频标比对器，适用于 5MHz、10MHz 和 100MHz 的频率源。

1. 准备工作

(1) 将频标比对器连接到电脑的 RS-232 端口。

(2) 将电源线插入电源插座，打开电源开关。

(3) 将测试方案中所需的功分器、衰减器等设备连接到测试系统中。

(4) 将待测频率源连接到 VCH-314 的输入端口，并根据测试方案选择合适的连接方式：对于"单通道"模式，将参考频率源连接到"f1x"输入端口，待测频率源连接到"f1y"输入端口；对于"双振荡器双通道"模式，将参考频率源连接到"f1x"和"f2x"输入端口，待测频率源连接到"f1y"和"f2y"输入端口；对于"三振荡器双通道"模式，将参考频率源连接到"f1x"输入端口，待测频率源分别连接到"f1y"和"f2y"输入端口。

2. 设置参数

在电脑上运行 VCH-314 频标比对器测量软件，如图 4-21 所示，根据测试方案进行参数设置，主要包括：

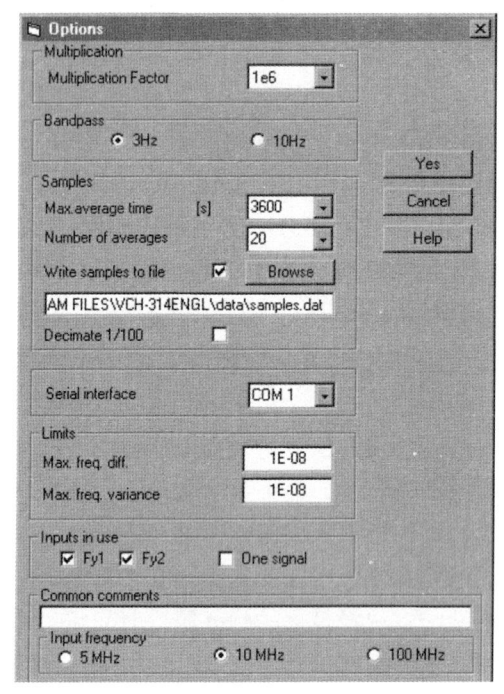

图 4-21　VCH-314 参数配置示意图

（1）倍频因子（K）：用于倍增输入频率差，倍频因子越大，频率测量的分辨率越高，但噪声也越大。

（2）通带（B）：用于控制频率测量的带宽，通带越窄，频率测量的分辨率越高，但灵敏度越低。

（3）采样时间（T）：范围为 1~500000s，采样时间越长，频率测量的精度越高，但测试时间也越长。

（4）采样次数（N）：采样次数越多，频率测量的精度越高，但测试时间也越长。

3. 开始测量

点击软件中的"开始测量"按钮，VCH-314 开始进行频率测量。测量过程中，VCH-314 会根据设置的参数进行倍频、滤波、计数和数据处理，并将测量结果实时显示在软件界面上。

4. 数据分析与保存

使用软件提供的分析工具，可对测量数据进行进一步分析。例如：绘图，将频率差或频率稳定度随时间的变化绘制成图表；统计分析，计算频率差的平均值、标准差等统计参数；误差分析，分析频率测量的误差来源，并评估频率测量的精度。最后，将测量数据保存到电脑中，以便后续分析和处理。

5. 注意事项

在测量之前，应确保 VCH-314 和待测频率源已经预热足够的时间，保证测量结果的准确性。在选择参数时，应根据待测频率源的特性和测试要求进行合理设置。在分析数据时，应注意数据的可靠性和有效性。在进行"三振荡器双通道"模式测量时，应注意通道之间的同步问题，避免由于通道间时间延迟而加大测量误差。

4.4 其他时统设备

时统设备是指用于产生、分配、控制或显示时间或频率的设备。时统设备的主要功能是保证时间频率系统的精度、稳定性和可靠性。以下简要介绍相位微调器、时码产生器和时间信号切换器 3 类常用时统设备。

4.4.1 相位微调器

相位微调器也称相位微跃计，是时频系统的核心设备之一，是一种频率基准辅助设备，通过锁定高稳定度频率信号并在很宽的频率范围进行高分辨率调整和精确相位控制。以 AOG110 型相位微调器为例，它可输出 5MHz 频率信号，输出相位偏移可控制至 1ps，输出频率偏移可控制至 $1 \times 10^{-19} \sim 5 \times 10^{-8}$。

相位微调器前面板如图 4-22 所示，分为 4 个功能区域，分别编号为 1~4。区域 1 为 $\sigma(\tau)$ 旋钮，用于锁定相位微调器。区域 2 为状态指示灯，由 3 个绿色 LED 组成，其中中间的指示灯为锁定状态指示灯，当相位微调器锁定时，指示灯显示绿色；当相位微调器没有锁定时，指示灯显示红色。区域 3 为信息显示屏，显示相位调整量和时间信息等。区域 4 为操作按键，用于操作相位微调器，包括数字键、光标按键、选择确认键（ENT）和退出删除键（CE/C）。

1) 使用前操作

打开电源，连接外参考信号（5MHz 信号）。VCO Lock 指示灯初始为红色，前面板发出一声短促的声音。如果 5MHz 参考信号在 AOG 锁定范围之内，并且其频率稳定度符合要求，则 VCO 应该在 5min 之内锁定，同时 VCO Lock

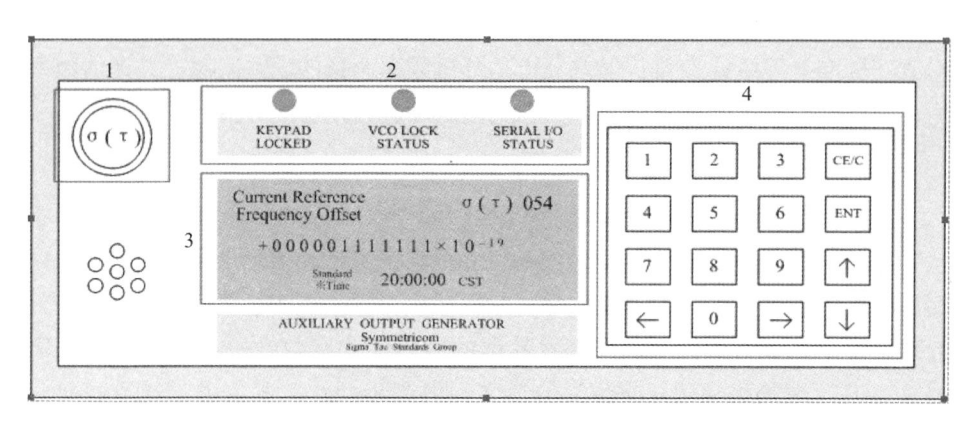

图 4－22　相位微调器前面板

的指示灯由红变绿。如图 4－23 所示，开启后 15s 左右，屏幕上出现 AOG 标准屏。如果标准屏没有出现，请断掉电源和所有输入信号，15s 后按照上述步骤重新启动。

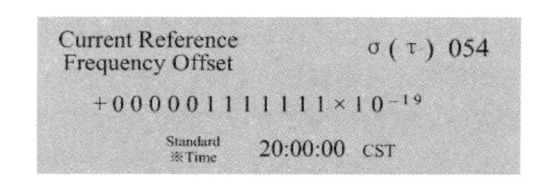

图 4－23　AOG 标准屏

2）开机

连接外参考 5MHz 信号；根据系统需要，连接输入输出信号线；按下电源按钮，启动设备；查看系统参数，按下"ENT"按钮，屏幕显示主菜单，移动光标，选择"System Data"选项，按下"ENT"按钮，显示出主要的系统信息。

3）锁定操作

VCO Lock 指示灯初始为红色，正常锁定后指示灯由红变绿。如果没有自动锁定，则需要调节 σ(τ)旋钮手动锁定。

手动锁定方法为：取下 AOG 前面板上 σ(τ)的盖子，用一字改锥缓慢的旋动内部旋钮，同时观察 LOCK 指示灯和前面板液晶屏上的 VCO PHASE 值，直到重新锁定（VLO LOCK 指示灯变绿），此时 VCO PHASE 值应在 2.5V 左右。

4）相位调整

设置调整量：按下"ENT"按钮，屏幕显示主菜单，移动光标，选择"Phase Menu"选项，显示出子菜单，选择"Phase Magnitude"选项，输入调整量即可。

设置调整时间：选择"Offset Interval"选项，设置调整所需的时间。

实施调整：选择"Begin Offset"选项，开始调整。AOG 自带的微处理器会自动检测调整量是否超出最大调整范围，如果出错，会发出声音报警。

5）频率调整

在主菜单中选择"Frequency Menu"选项，在弹出的子菜单中选择"Adjust Immediatc"选项，随后在屏幕上输入所需的调整量即可。当输出频率发生变化时，VCO 相位电压也随之变化，显示屏上也能监视到 VCO 相位电压值。

4.4.2 时码产生器

时码产生器也称分频钟，主要功能是将频率信号转换为时间信号，并以秒信号、时码信号等形式输出。可输入 5/10MHz 频率信号，并使用外接 1PPS 信号进行同步，可输出 4 路 1PPS 信号和 2 路 Inter Range Instrumentation Group – B 码（IRIG – B 码，B 码，一种应用广泛的串行时间码），1PPS 信号之间相位一致性优于 0.3ns，1PPS 与 B 码的同步精度在 100ns 以内。本文以中国科学院上海天文台研制的时码产生器为例进行说明。

时码产生器前面板如图 4 – 24 所示，分为 5 个功能区域，分别编号为 1~5。区域 1 为输入信号状态指示灯，由 2 个绿色 LED 组成，分别指示 10MHz 输入信号和外同步输入信号状态。当输入信号状态正常时，对应 LED 灯亮；当输入信号无或状态不正常时，对应 LED 灯灭。区域 2 为输出信号状态指示灯，由 6 个绿色 LED 组成，分别指示 1PPS 和 B 码各路输出信号状态。当对应输出信号状态正常时，该路 LED 灯亮；当对应输出信号状态异常时，该路 LED 灯灭。区域 3 为遥控/本地开关。当开关在"遥控"位置时，只有通信接口能够对该设备进行操作，面板上区域 5 的 4 个控制按钮不起作用；当开关在"本地"位置时，可以通过区域 5 的 4 个控制按钮对设备进行控制，此时通信接口不接受控制命令。区域 4 为显示器，由 19 个数码管组成，用于显示年、月、日、时、分、秒信息和儒略日信息，在面板控制时作为本地控制显示器。区域 5 为控制按钮，由"模式"、"位置"、"数字"、"确认" 4 个按钮组成，用于对设备进行控制操作。只有当区域 3 的遥控/本地开关处于"本地"位置时，控制按钮才起作用。此时，配合区域 4 的数码管显示器可对设备进行控制。

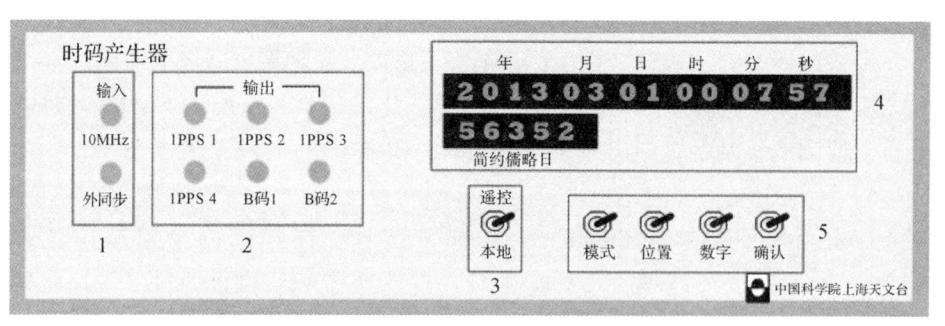

图4-24 时码产生器前面板

时码产生器后面板如图4-25所示，分为6个区域。区域1为10MHz输入和外同步信号输入接口，类型为孔型BNC。接口上方"GI××"中的"G"代表设备符，"I"表示输入，"××"表示输入编号。区域2为4路1PPS信号输出接口，类型为孔型BNC。接口上方"GO××"中的"G"代表设备符，"O"表示输出，"××"表示输出编号。区域3为2路B码信号输出接口，类型为YS2J3M。区域4为通信接口，类型为孔型DB9插座。区域5为交流电源插座、保险丝和开关。区域6为接地柱。

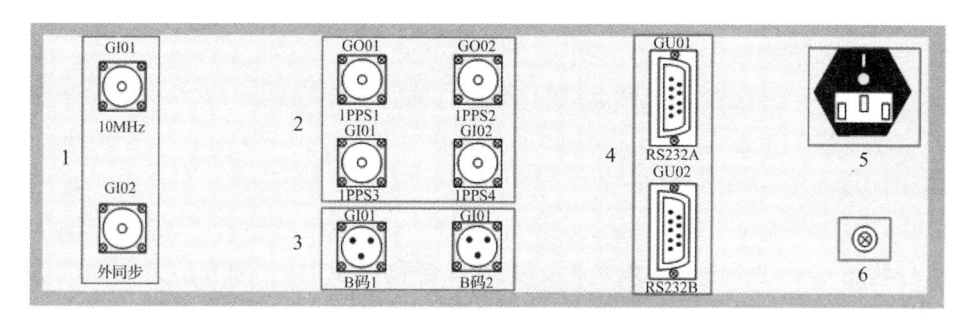

图4-25 时码产生器后面板

设备机箱后面板提供主备两种终端运行模式的9孔RS-232接口，设备通信采用以下参数：波特率为9600bps；数据位为8位；校验位为偶校验；停止位为1位。设备通信采用ASC码字符，以"$"作为信息或命令的开始，<CR><LF>作为信息或命令的结束。

1) 遥控设置

通过控制计算机使用线缆连接时码产生器，并进行设置，设置方式主要为发送遥控指令。进行遥控时，需注意以下问题：主备串口转换命令可由任意一个串口下发、执行并返回命令，其他命令只有通过主串口下发才会执行并返回命令，否则指令被自动忽略；当时码产生器从通信接口接收到正确的命令时，执行相应的操作，执行完毕后，从通信接口返回一串与接收到的命令完全相同的字符串；当时码产生器从通信接口接收到不正确的命令时，返回错误信息；面板"遥控/本地"开关必须设置在"遥控"状态，才能接收遥控指令；闰秒前5s不要进行年月日和钟面设置，闰秒后1min内再次进行闰秒设置将被忽略；当输入信号频率在5MHz和10MHz之间改变时，需要对时码产生器断电重新开机才能完成自适应操作。

2）设置日期和时钟

连续按"模式"按钮，使面板第一排14个数码管显示"20＊.＊.＊.＊.＊.＊.＊.＊.＊.＊.＊."，停止钟面运行，并且左起第3位数字右下角出现小数点。这表示进入日期和时钟设置模式。

按"位置"按钮，可以在此模式下改变小数点的位置，哪一位出现小数点，表示该位可以设置数据。小数点由左至右移动，到达最右1位后，再按动"位置"按钮，小数点回到左起第3位。

按"数字"按钮，可以改变小数点所在位置的数字，数字按照0～9的顺序变化，当变化到9时，再次按动"数字"按钮，数字回到0。

当钟面设置为需要的数字时，按"确认"按钮后，钟面在设置值基础上正常运行。

为保险起见，不要对闰秒当秒进行日期和时间设置。时计数不超过23，分计数和秒计数不超过59。年月日计数应符合常识，不符合常识情况计数会自动更改为符合常识的情况。

3）外同步

连续按"模式"按钮，使面板显示"^^^^t^.0000000"（文中^均表示数码管全暗），并且左起第7位右下角出现小数点，这表示进入外同步模式。在此模式下，可将输出1PPS信号相位与外同步1PPS输入信号相位同步到所设置的相位差值，同步分辨率为100ns，精度为±100ns。

按"位置"按钮，可以在此模式下改变小数点的位置，哪一位出现小数点，表示该位可以设置数字。小数点由左至右移动，到达最右1位后，再按动"位置"按钮，小数点回到左起第7位。

按"数字"按钮，可以改变小数点所在位置的数字。当小数点位于左起第7位的时候，按"数字"按钮，会在"."与"－"之间变换，表示"＋/－"号。小数点在右起第7位至右起第1位之间时，按"数字"按钮，数字按照0～9的顺序变化，当变化到9时，再次按动"数字"按钮，数字回到0。

数据设置完毕后，按"确认"按钮，退出外同步模式，恢复钟面运行，并且按照设置的相位差值进行同步。

当按动"确认"按钮时，左起第7位为"."或"^"时，1PPS信号输出相位比外同步信号相位滞后；左起第7位为"–."或"–"时，表示1PPS信号输出相位比外同步信号相位超前。

相位值由右起第7位至右起第1位决定。数值单位为100ns。例如：输入为"^^^^t^.0000000"表示输出1PPS相位同步到与外同步1PPS相位相差0±100ns；输入为"^^^^t^.0010001"表示输出1PPS相位同步到比外同步1PPS相位滞后1000100ns±100ns；输入为"^^^^t^–030001.3"表示输出1PPS相位同步到比外同步1PPS相位超前30001300ns±100ns。

4）粗移相

连续按"模式"按钮，使面板显示"^^^F^.0000000"，并且左起第7位右下角出现小数点，这表示进入粗移相模式。在此模式下，可将输出信号相位进行粗略调整。

按"位置"按钮，可以在此模式下改变小数点的位置，哪一位出现小数点，表示该位可以修改数字。小数点由左至右移动，到达最右1位后，再按动"位置"按钮，小数点回到左起第7位。

按"数字"按钮，可以改变小数点所在位置的数字。当小数点位于左起第7位的时候，按"数字"按钮，会在"."与"–."之间变换。小数点在右起第7位至右起第1位之间时，按"数字"按钮，数字按照0~9的顺序变化，当变化到9时，再次按动"数字"按钮，数字回到0。

当设置为需要的数字时，按"确认"按钮，退出粗移相模式，钟面正常运行，并且按照设置的相位值进行移相。

当按动"确认"按钮时，左起第7位为"."或"^"时，表示移相后输出信号相位比当前滞后一定数值；左起第7位为"–."或"–"表示移相后输出信号相位比当前超前一定数值。

数值由右起第7位至右起第1位决定。数值单位为100ns。

例如：输入为"^^^^F^.0000501"表示输出1PPS相位调整后比当前滞后50100ns±100ns；输入为"^^^^F^–.0000025"表示输出1PPS相位调整后比当前超前2500ns±100ns。

粗移相分辨率为100ns。

5）精移相

连续按"模式"按钮，使面板显示"^^^^P^^^^.0000"，并且右起第5位右下角出现小数点，这表示进入精移相模式。在此模式下，可对输出信号相位进行精密调整。

按"位置"按钮，可以在此模式下改变小数点的位置，哪一位出现小数点，表示该位可以修改数字。小数点由左至右移动，到达最右1位后，再按动

"位置"按钮，小数点回到右起第5位。

按"数字"按钮，可以改变小数点所在位置的数字。当小数点位于右起第5位的时候，按"数字"按钮，会在"."与"-"之间变换。小数点在右起第4位至右起第1位之间时，按"数字"按钮，数字按照0~9的顺序变化，当变化到9时，再次按动"数字"按钮，数字回到0。

当设置为需要的数字时，按"确认"按钮，退出精移相模式，钟面正常运行，并且按照设置的相位值进行移相。

当按动"确认"按钮时，右起第5位为"."或"^"，表示移相后输出信号相位比当前滞后一定数值；右起第5位为"-."或"-"表示移相后输出信号相位比当前超前一定数值。

数值由右起第4位至右起第1位决定。数值单位为10ps。

例如：输入为"^^^^P^^^^.0001"表示输出信号相位调整后比当前滞后10ps；输入为"^^^^P^^^^-.0103"表示输出信号相位调整后比当前超前1.03ns。

精移相分辨率为10ps。

6）清除错误

连续按"模式"按钮，使面板显示"^^^^CLr^^Error"。

在清除错误模式下，"位置"和"数字"按钮均不起作用。

按"确认"按钮，退出清除错误模式，钟面正常运行，若此时10MHz输入信号正常，则与10MHz输入相关的LED指示灯亮，状态信息中相关位置位。

若10MHz输入信号仍旧不正常，则无法清除错误状态，相关LED指示灯灭，状态信息位仍旧为"0"。

7）设置闰秒

连续按"模式"按钮，使面板显示"^^^^LS^^^^^^^*."。右起第1位数字的右下角出现小数点，这表示进入设置闰秒模式。

在设置闰秒模式下，"位置"按钮不起作用。

按"数字"按钮，可以改变右起第1位所在位置的数字，使其在"0."、"1."和"3."间循环变换。"0."表示不设置闰秒，"1."表示设置加1s闰秒（即59-60-00方式闰秒），"3."表示设置减1s闰秒（即58-00方式闰秒）。

当数字为"0"时，按"确认"按钮，复位闰秒标志，退出闰秒设置模式，并且下一秒，钟面正常运行；当数字为"1"时，按"确认"按钮，置位闰秒标志，并选择闰秒方式为加1s闰秒，退出闰年设置模式，钟面正常运行；当数字为"3"时，按"确认"按钮，置位闰秒标志，并选择闰秒方式为减1s

闰秒，退出闰年设置模式，钟面正常运行。

8）钟面加、减秒

连续按"模式"按钮，使面板显示"2.0. *.*.*.*.*.*.*.*.*.*.*.*."，（其中*表示某个数字），钟面正常走动，但每一位数字的右下角均出现一个小数点。这表示进入钟面加、减1s模式，可对钟面进行加1s或减1s的操作。

按"位置"按钮，下一秒钟面停顿，使钟面减1s，之后钟面钟差运行，但仍旧处于钟面加、减1s的操作模式。

按"数字"按钮，下一秒钟面增加2s，使钟面加1s，之后钟面钟差运行，但仍旧处于钟面加、减1s的操作模式。

在钟面加、减1s模式下，"确认"按钮不起作用。

要退出钟面加、减1s模式，只需按"模式"按钮。此时钟面正常运行，所有小数点全部消失。

9）运行状态查询

连续按"模式"按钮，使面板显示"2.0. *.*.*.*.*.*.*.*.*.*.*.*."，（其中*表示某个数字），钟面正常运行，所有位置上均无小数点，这表示设备处于正常时钟状态。

此时除非再次按动"模式"按钮，进入其他模式，否则"位置""数字"和"确认"按钮均不起作用。

4.4.3 时间信号切换器

时间信号切换器主要用于多路时间信号的切换，当单路频率信号质量下降或者出现问题时，将通过该设备进行切换，是实时UTC控制的重要组成部分，下面以中国科学研究院上海天文台生产的时间信号切换器为例介绍相关操作。

（1）本地/遥控选择操作。

时间信号切换器的本地/遥控选择开关位于前面板区域。当开关在"遥控"位置时，只有通信接口能够对该设备进行操作，面板上的2个选通按钮不起作用。当开关在"本地"位置时，可以通过2个选通按钮对设备进行控制，此时通信接口不接受控制命令。

（2）本地手动切换操作。

首先将本地/遥控开关切换到本地位置。然后将选通开关切换到需要的信号，若选通A路信号输出，将选通开关拨到"1PPS选A"或"B码选A"，若选通B路信号输出，将选通开关拨到"1PPS选B"或"B码选B"。切换成功后，应将本地/遥控开关恢复。

第 5 章 硬件接口与时间同步协议

获取的时间信息以及测量数据，需要在设备之间进行有线传输，传输过程必须利用相应的硬件接口并遵循传输协议。常见的硬件接口主要包括串行接口、USB 接口、网络接口等，常用的时间同步协议 IRIG – B、NTP、IEEE1588 等。数据传输速率、时间同步精度等要求不同，选用的接口与协议也有很大差别，如普通串行接口适合低速率数据传输、IEEE1588 适合高精度网络时间同步等，具体选择何种硬件接口和时间同步协议还需要根据实际情况而定。

5.1 硬件接口

5.1.1 串行接口

RS – 232 – C 总线标准是美国电子工业协会（Electronics Industry Alliance，EIA）制定的一种串行物理接口标准。RS – 232 – C 总线标准的 25 条信号线包括一个主通道和一个辅助通道，在多数情况下主要使用主通道，对于双工通信，仅需几条信号线就可实现，如一条发送线、一条接收线及一条地线。

RS – 232 – C 使用的连接器为 25 引脚插入式连接器，一般称为 25 引脚 D – SUB，实际中比较常用的为 9 引脚的 DB – 9 型连接器。

1. 机械特性

DB – 25 型和 DB – 9 型连接器接口如图 5 – 1 所示。RS – 232 – C 标准接口有 25 条线，4 条数据线、11 条控制线、3 条定时线、7 条备用和未定义线。实际上，DB – 25 型连接器常用的只有 9 根，分别为联络控制信号线、数据发送与接收线和地线。其中，联络控制信号线包括数据装置准备好（Data Set Ready, DSR）、数据终端准备好（Data Set Ready, DTR）、请求发送（Request To Send, RTS）、允许发送（Clear To Send, CTS）、接收线信号检出（Received Line Signal Detection, RSD）（也称数据载波检出, Data Carrier Detection，DCD）和振铃指示（Ringing，RI），数据发送与接收线包括发送数据（Transmitted Data，TXD）和接收数据（Received Data，RXD），地线常用为信号地（Signal Ground，SG）上述9根线与DB-9型连接器一一对应。

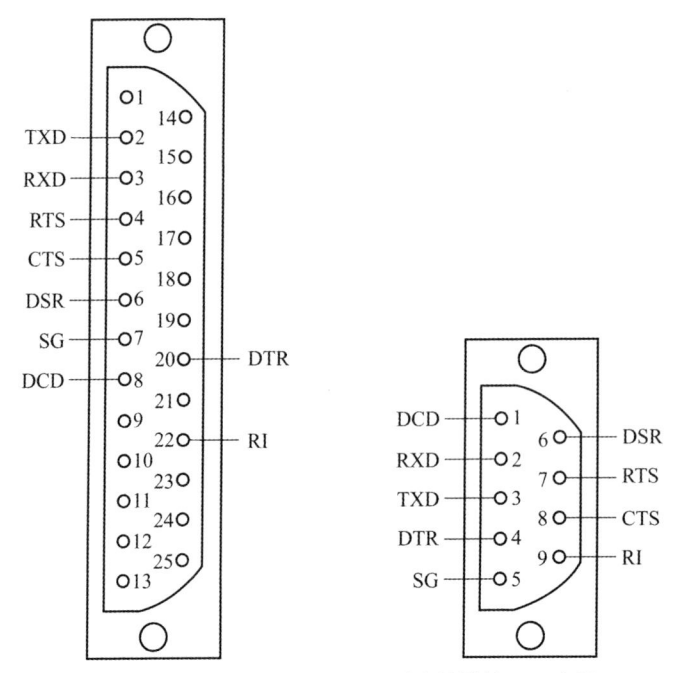

图5-1　DB-25型和DB-9型连接器接口示意图

2. 电气特性

在 TXD 和 RXD 上，逻辑"1"（MARK）= -3～-15V，逻辑"0"（SPACE）= +3～15V。RTS、CTS、DSR、DTR 和 DCD 等控制线上，信号有效（接通，ON 状态，正电压）= +3～+15V，信号无效（断开，OFF 状态，负电压）= -3～-15V。

上述规定说明了 RS-323-C 标准对逻辑电平的定义。对于数据（信息码），逻辑"1"的电平低于-3V，逻辑"0"的电平高于+3V；对于控制信号，接通状态（ON）即信号有效的电平高于+3V，断开状态（OFF）即信号无效的电平低于-3V，也就是说当传输电平的绝对值大于3V时，电路可以有效地检查出来，介于-3～+3V之间的电压无意义，低于-15V或高于+15V的电压也认为无意义。因此，实际工作时，应保证电平在±(3～15)V之间。

RS-232-C 是用正负电压来表示逻辑状态，与 TTL 以高低电平表示逻辑状态的规定不同。因此，为了能够同计算机接口或终端的 TTL 器件连接，必须在 RS-232-C 与 TTL 电路之间进行电平和逻辑关系的变换。实现这种变换的方法可用分立元件，也可用集成电路芯片。目前较为广泛使用的是集成电路转换器件，例如，MC1488、SN75150 芯片可完成 TTL 电平到 EIA 电平的转换，而 MC1489、SN75154 可实现 EIA 电平到 TTL 电平的转换，如图 5-2 所示。MAX232 芯片可完成 TTL 电平与 EIA 电平的双向电平转换。

图 5-2 MC1488 和 MC1489 电平转换逻辑

3. 连接方式

当传输距离较远时，两个数据终端设备（如一台计算机与一台终端）需要通过调制解调器（Modem）相连。但当相距较近时，不需要 Modem，就成了两个数据终端设备（Data Terminal Equipment，DTE）通过 RS-232-C 接口直接相连。这时，需要做一条通信电缆来连接两个数据终端设备，这种情况下，只需使用少数几根信号线。图 5-3 为 DB-25 作为 DTE 而 DB-9 作为数据通信设备（Data Communication Equipment，DCE）的电缆连接示意图（DB-9 型连接器分针和孔两种类型，二者 RXD 和 TXD 引脚定义相反，使用时需注意）。

图 5-3 电缆连接示意图

零 Modem 方式连线如图 5-4 所示，其中左边的接线方法是零 Modem 方式的简单连法，只要任何一方自身请求发送有效和数据终端就绪有效，即可实现发送和接收。

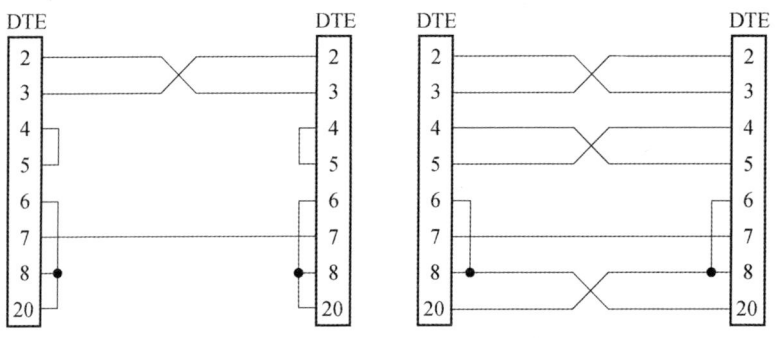

图 5-4 零 Modem 方式连线示意图

零 Modem 方式不需要 RS-232-C 的控制联络信号，只需 3 根线（发送线、接收线、信号地线）便可实现全双工异步串行通信。图 5-4 中的 2 号线与 3 号线交叉连接是因为在直连方式时，把通信双方都当作数据终端设备看待，双方都可发也可收。在这种方式下，通信双方的任何一方，只要请求发送 RTS 有效和数据终端准备好 DTR 有效，就能开始发送和接收。

RTS 与 CTS 互联时，只要请求发送，将立即得到允许。DTR 与 DSR 互联时，只要本端准备好，则认为本端立即可以接收。无 Modem 时，最大通信距离按如下方式计算：当误码率小于 4% 时，要求导线的电容值应小于 2500pF，对于普通导线，电容值约为 170pF/M，则允许距离 $L = 2500pF/(170pF/M) = 15M$。这一距离的计算是偏于保守的，实际应用中，当使用 9600bit/s，普通双绞屏蔽线时，距离可达 30~35m。如果需要更远距离传输，可以采用 RS-485 或者 RS-422 协议标准，这里不再赘述。

图 5-4 右边的接线方法是按照 RS-232-C 标准定义的控制 Modem 的规则进行引脚连接，双方的 DTE 仍以为与自己一侧的 DCE 在通信，其实双方 DTE 都跳过了 DCE，进而实现异步通信。

除了 RS-232 外，常用的还有 RS-422、RS-485 接口方式。其他两种接口均为差分形式，也就是单向传输需要同向和反向两根线，其中，RS-485 接口为半双工通信方式，收发不能同时进行，RS-422 则为全双工。从传输距离上说，差分方式要远远高于非差分方式，最远可以达到 1km 以上。

4. 数据传输格式

RS-232-C 标准允许信号传输速率在 0~20000bit/s 之间，在实际使用中被限制在 19200bit/s 以内，数据传输速率为 50bit/s、75bit/s、100bit/s、150bit/s、300bit/s、600bit/s、1200bit/s、2400bit/s、4800bit/s、9600bit/s、19200bit/s。

串行接口数据传输如图 5-5 所示，一般情况下，串行接口采用 1+8+1 的数据传输格式，即 1bit 起始位、8bit 数据位和 1bit 停止位。

起始位　　　　　　　　　数据位　　　　　　　　　停止位

图 5-5　串行接口数据传输示意图

在没有数据传输的情况下，信号线上一直持续高电平，当出现低电平时，则认为出现起始位，即开始传输数据，起始位之后为 8bit 数据，最后传输 1bit 停止位（高电平）。两字节数据可无间隔传输，也可间隔一段时间再传输。

5.1.2　USB 接口

通用串行总线（Universal Serial Bus，USB）是 Intel、DEC、Microsoft、IBM 等公司联合推出的一种新的串行总线标准，主要用于 PC 与外设的互连。

1. USB 总线的功能特点

（1）USB 支持热插拔（Hot Plug）。也就是说，在不关闭 PC 的情况下，可以安全地插上和断开 USB 设备，并动态地加载驱动程序。

（2）USB 支持即插即用（Plug and Play，PnP）。当插入 USB 设备的时候，计算机系统检测该外设，并且自动加载相关驱动程序，对该设备进行配置，使其正常工作。

（3）USB 在设备供电方面提供了灵活性。USB 接口不仅可以通过电缆为连接到 USB 集线器（Hub）或主机（Host）的设备供电，而且可以通过电池或者其他的电力设备为其供电，或使用两种供电方式的组合，并且支持节约能源的挂机和唤醒模式。

（4）USB 提供全速 12MB/s、低速 1.5MB/s 和高速 480MB/s 3 种速率来适应各种不同类型的外设。

（5）USB 具有很强的连接能力，最多可以以链接形式连接 127 个外设到同一系统。

（6）USB 具有很高的容错性能。因为在协议中规定了出错处理和差错恢复的机制，所以可以对有缺陷的设备进行认定，并对错误的数据进行恢复或报告。

总之，USB 在传统的计算机组织架构的基础上，引入网络的拓扑结构思想，具有终端用户的易用性、广泛的应用性、带宽的动态分配、优越的容错性能、较高的性能价格比等特点。

2. USB 组成与接口类型

USB 组成包括 USB 硬件和 USB 软件。USB 硬件包括 USB 主控制器/根集线器、USB 集线器和 USB 设备。USB 软件包括 USB 设备驱动程序（USB Device Driver）、USB 驱动程序（USB Driver）、USB 主控制器驱动程序（USB Host Controller Driver）。

USB 接口有 3 种类型：Type A，一般用于 PC，如图 5-6 中 A 所示；Type B，一般用于 USB 设备，如图 5-6 中 B、D 所示；Mini-USB，一般用于数码相机、测量仪器以及移动硬盘等，如图 5-6 中 C 所示。

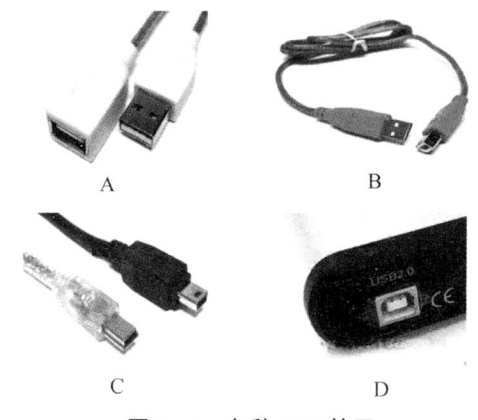

图 5-6　各种 USB 接口

无论哪种类型 USB 接口都有同样的标志，我们在 USB 设备和 USB 数据线中都能看到，USB 标志如图 5-7 所示。

图 5-7　USB 标志

3. USB 电缆

USB 通过四芯电缆传送信号和电源，主要包括 USB 1.0、USB 2.0 和 USB3.0，传输距离均可达到 5m。USB1.0 提供了 2 种速率，低速 1.5MB/s 和全速 12MB/s（USB1.1），这意味着 USB 全速数据传输速度比普通串口快了 100 倍，比普通并口也快 10 多倍。USB 2.0 在 USB 1.0 的基础上增加了另一种数据传输速率：高速 480MB/s。其实，USB 2.0 的速度已经无法满足应用需要，USB3.0 也就应运而生，最大传输带宽高达 5.0Gb/s，也就是 640MB/s。

USB 电缆如图 5-8 所示，电缆中包括 VBUS 电源线和 GND 地线，为设备提供电源；VBUS 的电压为 +5V；电缆中还有 2 条互相缠绕的数据线。

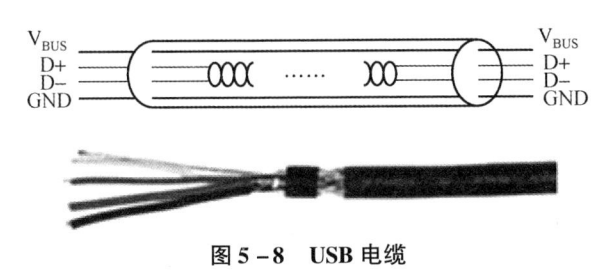

图 5-8　USB 电缆

USB 接口的 4 根线一般是这样分配的：黑线 GND，红线 VBUS，绿线 Data+（D+），白线 Data-（D-）。需要注意的是千万不要把正负极弄反了，否则会烧掉 USB 设备。

4. USB 电源

USB 电源主要包括电源分配和电源管理 2 方面的内容。电源分配是指 USB 如何分配计算机提供的能源。USB 主机有与 USB 设备相互独立的电源管理系统，系统软件可以与主机的电源管理系统结合，共同处理各种电源事件，如挂起、唤醒等。

USB 可以通过连接线为设备提供 5V、500mA 的电流。每个设备可以从总线上获得 100mA 的电流，如果有特殊情况向系统申请，最多可以获得 500mA 的电流。

5.1.3　其他接口

除了上述 2 种接口外，常见的以太网接口类型有 RJ-45 接口、RJ-11 接口、SC 光纤接口、FDDI 接口、AUI 接口、BNC 接口、Console 接口，这里不再详细介绍，如有需要，可参考相关标准。

5.2　时间同步协议

对于广域分布式网络而言，采用卫星授时接收机得到标准时间后，需要将这个时间发布给系统每个部分。目前，多种时间同步协议标准可以实现时间的传递，常用的时间同步协议采用时间编码，典型的时间码为 IRIG-B，分为直流码（DC 码）和交流码（AC 码），其中 AC 码的信号进行了调制，传输距离较远。在短距离内，IRIG－B 也常用到时间报文接口，通过 RS232 串口传递时间。光纤由于不受电磁干扰，目前也成为常用的时间传递手段。NTP（网络时间协议，Network Time Protocol）采用网络协议来实现计算机的时间同步，得到了越来越广泛的应用，但由于其精度只能达到毫秒量级，而许多领域往往要求更高的时间同步精度，因此 NTP 的应用受到一定程度的限制。随着对时间同步精度要求的提高，网络测量和控制系统的精密时间协议（Precision Time Protocol，PTP）受到关注。PTP 协议提供亚微秒的时间同步精度，成本低，该协议的出现使时间同步方法在高精度和低成本的要求中达到了很好的平衡，未来将成为网络时钟同步最有发展前途的解决方案之一。

5.2.1　B 码

靶场时间组（Inter－Range Instrumentation Group，IRIG）是美国靶场司令部委员会的下属机构。IRIG 时间编码序列是由 IRIG 机构提出来的，被广泛应用于时间信息传输系统中。IRIG 编码的格式有很多种，其中以 IRIG－B 编码格式应用最为广泛。

IRIG－B 标准码分为 DC 码和 AC 码，AC 码是 1kHz 的正弦波载频对直流码进行幅度调制后形成的，DC 码为脉冲宽度编码形式，每个码的宽度是 10ms，一帧信息包括 100 个码元，即码元速率为 100Hz。IRIG－B 码码元共有 3 种形式：

（1）标志位。标志位高电平宽度为 8ms，连续 2 个标志位则表示一帧信息的开始，其中第 2 个标志位的上升沿为秒基准前沿。

（2）二进制"1"。二进制"1"高电平宽度为 5ms。

（3）二进制"0"。二进制"0"宽度为 2ms。

IRIG－B 码的 3 种基本码元如图 5－9 所示，左侧的波形是 IRIG－B 信号的非调制形式，它是一种标准的 TTL 电平，用在传输距离不大的场合，如机柜内部或相邻的机柜。如果传输距离较远，就应该采用右侧的调制形式的码元，调制频率为 1kHz，并用幅度的大小来表示二进制"1"和二进制"0"。

表 5－1 给出了 IRIG－B 码码元定义，该格式每秒输出一帧，每帧有 100 个码元，每个码元占时 10ms。IRIG－B 码的帧结构为：起始标志、秒（个位）、分隔标志、秒（十位）、基准标志、分（个位）、分隔标志、分（十位）、基准标志、时（个位）、分隔标志、时（十位）、基准标志、自当年元旦开始的天（个位）、分隔标志、天（十位）、基准标志、天（百位）（前面各数均为 BCD 编码）、7 个控制码（在特殊使用场合定义）、自当天 0 时整开始的秒数（为纯二进制整数）、结束标志。

图 5－9　IRIG－B 码的 3 种基本码元

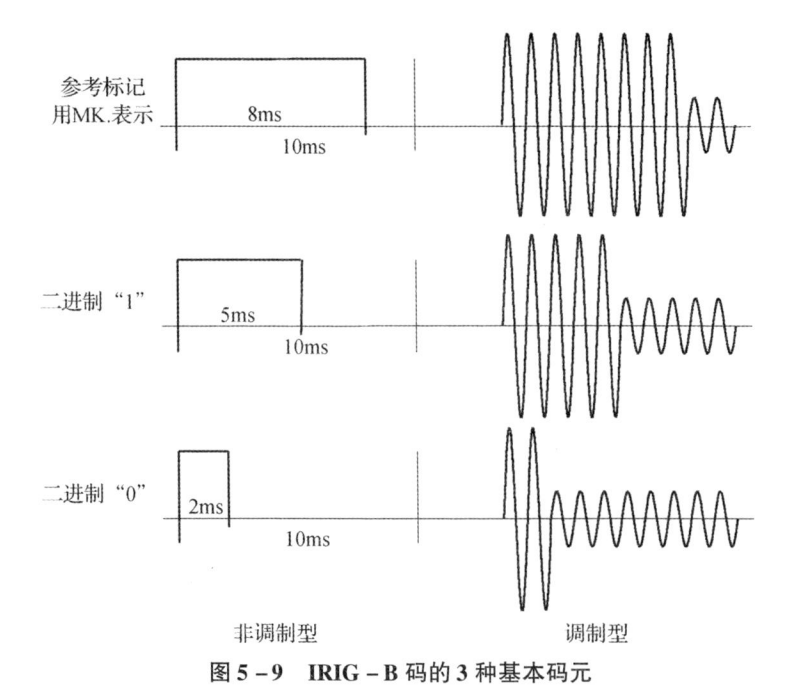

表 5－1　IRIG－B 码码元定义

码元序号	定义	说明
0	P_r	基准码元
1～4	秒个位，BCD 码，低位在前	
5	索引位	置"0"
6～8	秒十位，BCD 码，低位在前	
9	P_1	位置识别标志#1
10～13	分个位，BCD 码，低位在前	
14	索引位	置"0"
15～17	分十位，BCD 码，低位在前	
18	索引位	置"0"
19	P_2	位置识别标志#2
20～23	时个位，BCD 码，低位在前	
24	索引位	置"0"

续表

码元序号	定义	说明
25～26	时十位，BCD 码，低位在前	
27～28	索引位	置"0"
29	P_3	位置识别标志#3
30～33	日个位，BCD 码，低位在前	
34	索引位	置"0"
35～38	日十位，BCD 码，低位在前	
39	P_4	位置识别标志#4
40～41	日百位，BCD 码，低位在前	
42～48	索引位	置"0"
49	P_5	位置识别标志#5
50～53	年个位，BCD 码，低位在前	
54	索引位	置"0"
55～58	年十位，BCD 码，低位在前	
59	P_6	位置识别标志#6
60	闰秒预告（LSP）	在闰秒来临前 1～59s 置"1"，在闰秒到来后 00s 置"0"
61	闰秒（LS）标志	"0"：正闰秒 "1"：负闰秒
62	夏时制预告（DSP）	在夏时制切换前 1～59s 置"1"
63	夏时制（DST）标志	在夏时制期间置"1"
64	时间偏移符号位	"0"：+ "1"：-
65～68	时间偏移（h），二进制，低位在前	时间偏移 = IRIG - B 时间 - UTC 时间（时间偏移在夏时制期间会发生变化）
69	P_7	位置识别标志#7
70	时间偏移（0.5h）	"0"：不增加时间偏移量 "1"：时间偏移量额外增加 0.5h

续表

码元序号	定义	说明
71~74	时间质量，二进制，低位在前	0x0：正常工作状态，时钟同步正常 0x1：时钟同步异常，时间准确度优于1ns 0x2：时钟同步异常，时间准确度优于10ns 0x3：时钟同步异常，时间准确度优于100ns 0x4：时钟同步异常，时间准确度优于1us 0x5：时钟同步异常，时间准确度优于10us 0x6：时钟同步异常，时间准确度优于100us 0x7：时钟同步异常，时间准确度优于1ms 0x8：时钟同步异常，时间准确度优于10ms 0x9：时钟同步异常，时间准确度优于100ms 0xA：时钟同步异常，时间准确度优于1s 0xB：时钟同步异常，时间准确度优于10s 0xF：时钟严重故障，时间信息不可信赖
75	校验位	从"秒个位"至"时间质量"按位（数据位）进行校验的结果
76~78	保留	置"0"
79	P_8	位置识别标志#8
80~88	一天中的秒数（SBS）低9位，二进制，低位在前	
89	P_9	位置识别标志#9
90~97	一天中的秒数（SBS）高8位，二进制，低位在前	
98	索引位	置"0"
99	P_0	位置识别标志#0

以电力系统为例，其2009年发布的行业标准 DL/T1100.1-2009 对 IRIG-B 码的电气特性要求如下。

（1）DC 码。

- 每秒1帧，包含100个码元，每个码元10ms；
- 脉冲上升时间不大于100ns；
- 抖动时间不大于200ns；

- 秒准时沿的时间准确度优于 1μs；
- 接口类型为 TTL 电平、RS-422、RS-495 或光纤；
- 使用光纤传导时，灯亮对应高电平，灯灭对应低电平，由灭转亮的跳变对应准时沿；
- 采用 IRIG-B000 格式。

（2）AC 码。

- 载波频率 1kHz；
- 频率抖动不大于载波频率的 1%；
- 信号高幅值（峰峰值）3~12V 可调，典型值为 10V，信号低幅值复合 3∶1~6∶1 调制比要求，典型调制比为 3∶1；
- 输出阻抗 600Ω，变压器隔离输出；
- 秒准时沿的时间准确度优于 20μs；
- 采用 IRIG-B120 格式。

在进行 IRIG-B 码的解码时，首先需要正确地检测出 IRIG-B 码的脉冲电平宽度。根据 IRIG-B 码的编码方式，找到 2 个连续的 8ms 脉冲的第 2 个 8ms 脉冲的上升沿，为时间同步信息的起始点，并以尽可能小的延时生成秒脉冲信号。再根据 5ms 和 2ms 脉冲的位置，提取出绝对时间信息，并用 BCD 码表示为该秒脉冲的具体时间信息。因此，在进行 IRIG-B 码解码时，需要提取 2 种信息：一种是判断时间同步信息的起始点，并在此时间生成秒脉冲；另一种是提取 IRIG-B 码中包含的绝对时间信息，并以 BCD 码的形式表示。详细过程如下：

（1）秒脉冲信号产生。

根据 IRIG-B 的编码方式，2 个连续 8ms 宽脉冲的第 2 个 8ms 宽脉冲的上升沿为该秒的起始点，因此，需要检测出脉冲的电平宽度，并正确判断出 2 个连续的 8ms 宽脉冲的位置，在第 2 个 8ms 宽脉冲的上升沿产生秒脉冲。

电平宽度检测：可产生高倍时钟，利用此时钟对编码信号每段高电平进行计数，通过比较计数器数值判断电平宽度。检测过程中，高倍时钟速率越高，检测误差越小。

2 个连续 8ms 宽脉冲位置的判断：检测到一个 8ms 宽脉冲，并对下一个脉冲进行计数，如果下一个也是 8ms 宽脉冲，则该步完成，否则，继续检测。

秒脉冲产生：当检测到 2 个 8ms 宽脉冲后，产生一个 10ms 高电平使能信号，当使能信号为低电平时，利用此信号产生 10ms 宽的秒脉冲信号。

（2）绝对时间提取。

IRIG-B 码中除了用 2 个连续 8ms 宽脉冲来表示秒的标准起始点，还包含了时间信息。5ms 和 2ms 宽度的脉冲分别表示为二进制"1"和"0",并且脉冲出现在不同的位置会有不同的含义。因此,要判断出正确的时间信息,需要判断出 IRIG-B 码高电平的宽度及所在位置,然后根据编码格式,用 BCD 码的形式表示出准确的时间信息。

位置计数器:将秒脉冲的低电平作为位置计数器的使能,IRIG-B 码的下降沿作为位置计数器的触发信号,通过位置计数器的计数值可以对标准起始点的 IRIG-B 码码元进行编号。

时间信息生成:将 IRIG-B 码的上升沿作为触发信号,将检测到的高电平脉冲宽度转换为二进制"0"和"1",并结合位置计数器以及 IRIG-B 码元排列,可提取准确的时间信息。

5.2.2 NTP

NTP 最初是由美国 Delaware 大学的 David L. Mills 教授于 1995 年提出,通过网络上确定若干点作为时钟源网站,以此来为用户提供统一、标准的时间传递服务,即实现与 UTC 的同步。NTP 的设计充分考虑了互联网上时间同步的复杂性,在时钟源有效的情况下能够实现时间的校正跟踪,发生网络故障时也可以维持时间的稳定,保证网络在一定时间内保持精准的时间同步。因此,采用基于 UDP/IP 的层次式时间分布模型的 NTP 机制具有严格性、实用性、有效性和灵活性,适用于不同规模、带宽和链路下的互联网环境。

一般情况下,广域网上 NTP 提供的时间精确度可以达到数十毫秒,局域网上则为亚毫秒,而在一些特殊应用场合则能达到更高的精度。因而,NTP 在电力、交通、互联网等领域得到了广泛应用。

1. NTP 同步原理

NTP 以客户机/服务器模式进行通信:客户机发送一个请求数据包,服务器接收后回传一个应答数据包。2 个数据包都带有发送和接收的时间戳,根据这 4 个时间戳来确定客户机和服务器之间的时间偏差和网络延迟。NTP 时间同步时序如图 5-10 所示,t_1 为客户端发送查询请求包的时刻,t_2 为服务器收到查询请求包的时刻,t_3 为服务器回复时间信息包的时刻,t_4 为客户机收到时间信息包的时刻。其中,t_1、t_4 为客户端发送接收本地时刻,由客户端给出,t_2、t_3 为服务器接收发送时刻,由服务器端给出。

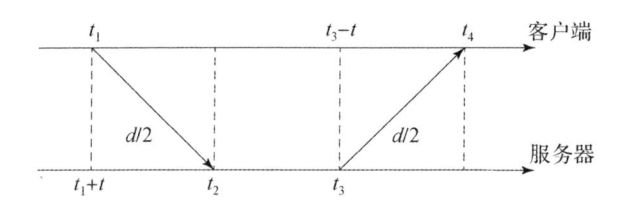

图 5-10 NTP 时间同步时序图

可得，信息包在网络上的传输时间为

$$d = (t_2 - t_1) + (t_4 - t_3) \tag{5-1}$$

当请求信息包和回复信息包在网络上传输时间相等时，单程网络延迟为

$$\delta = \frac{d}{2} = \frac{(t_2 - t_1) + (t_4 - t_3)}{2} \tag{5-2}$$

时间偏差为

$$t = \frac{(t_2 - t_1) - (t_4 - t_3)}{2} \tag{5-3}$$

可以看出，单程网络延迟和时间偏差只与 t_1 和 t_2 的差值以及 t_3 与 t_4 的差值相关，而与 t_2、t_3 差值无关。据此，客户端即可通过 4 个时间戳计算出时间偏差和网络延迟，进一步调整本地时钟。

2. NTP 的 3 种工作模式

客户端服务器模式（Server/Client Mode）：用户向一个或多个服务器发送服务请求消息，服务器在接收到用户的请求后做出应答消息，通过解算交换的信息，可以得到需要的网络延时和两地的时间差，客户端通过优化选择最终的时间差来实现对本地时钟的校准。

广播模式（Multicast/Broadcast Mode）：通过在网络中设置一个或多个服务器，客户端不需要额外发送时间校准请求信息，而是通过让服务器定时向客户端发送时间电文，客户端在接收到服务器的电文后，解算并比较本地时钟，从而做出时间校准。广播模式具有资源占用大、时间误差大的特点，所以广播模式适于高速的局域网中，对于复杂的广域网并不适用。

对称模式（Symmetric Mode）：对称模式包含主动对称和被动对称 2 种模式。其中，主动对称模式是指 2 个或 2 个以上服务器通过相互之间的时间信息传送来实现时间的校准，不用考虑在时间同步子网中的层次，直接发送时间信息即可，适用于在时间同步网中靠近终端节点的时间服务器。被动对称模式适用于以下 2 种情况：一是主动模式下对等主机已发出信息；二是对等机在同步网中的层次低于主机。被动模式对于时间同步网中接近根节点的时间服务器更加适用。无论哪种模式，均设置2个以上的服务器互为主从，由此进行时间消息的通信，实现时间的相互校准，并维持整个同步子网时间的精确同步。

3. NTP 的网络结构

NTP 网络结构如图 5-11 所示，NTP 协议以 UTC 作为时间标准，使用层次性分布模型，时间按 NTP 服务器的等级自上而下传播。

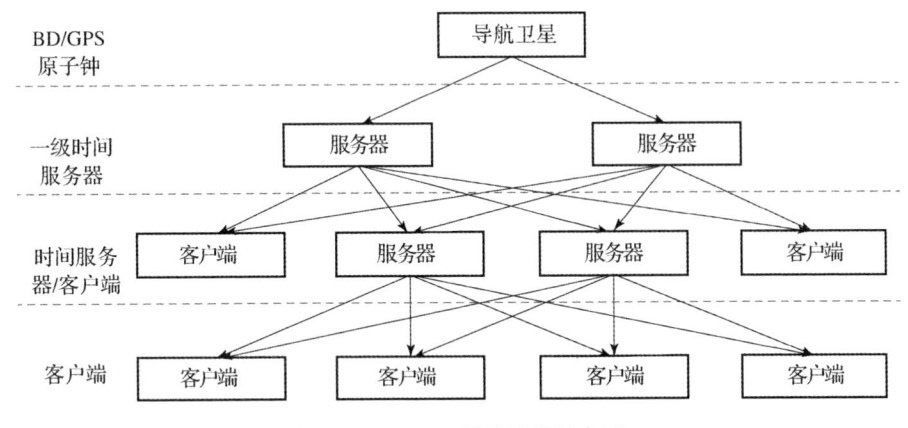

图 5-11　NTP 网络结构示意图

图 5-11 中箭头表示提供时间同步服务的方向，可以看出，NTP 按照距离外部 UTC 源的远近将所有服务器归入不同的层（Stratum）中，其中，位于第一层的服务器为主服务器，通过精确的外部时钟（如 BD、GPS 时间信号）获取信息，并使本身的时间与 UTC 同步，这一层是整个系统的基础，第二层则从第一层获取时间，第三层从第二层获取时间，依此类推。另外，出于对精确度和可靠性的考虑，下层设备可以同时引用若干个上层设备作为参考源，而且也可以扮演多重角色。例如，一个第二层设备，对于第一层来说是客户端，而对于第三层来说可能是服务器，同层设备则可以是对等机（相互之间利用 NTP 协议进行时间同步）。

NTP 还可利用多个对等的服务器来获得高准确度和可靠性的时间同步。当从多个对等机获得时间同步信息后，过滤器从这些信息中选取最佳的样本，并与本地的时间进行比较。可通过选择和聚类算法对往返延迟、偏移等参数进行分析，选取若干个较为准确的服务器获取时间信息，也可利用合成算法对这些服务器的信号进行综合，获得更为准确的时间参考。

5.2.3　PTP

IEEE 1588，即网络化测量机控制系统的精确时钟同步协议标准，标准草案由安捷伦实验室的 John Eidson 以及来自其他公司和组织的 12 名成员开发，该技术最初的目的是在由网络构成的测量和控制系统中实现精确的时间同步。后来得到 IEEE 的赞助，并于 2002 年 11 月获得 IEEE 批准。IEEE 1588 协议是通用的提升网络系统时钟同步能力的规范，在起草过程中主要参考以太网来编制，使分布式通信网络能够具有严格的时钟同步，其基本思想是通过硬件和软件相结合的方法将网络设备（客户端）的内时钟与主控机的主时钟进行同步。

NTP 协议解决了以太网中定时同步能力不足的问题，但 NTP 协议的精度却只能达到毫秒量级，满足不了高精度时间同步要求，如测量仪器、工业控制等领域。因此，满足测量及控制应用在分布式网络定时同步的高精度需要的 IEEE 1588 在 2002 年颁布，一经亮相，便在工业自动化领域引起了极大的关注。IEEE 1588 具有高可控性、高安全性、高可靠性，由于其使用软硬件结合的方式实现，适用于原以太网所用的数据线传送时钟信号，并不需要额外的时钟线，这使得组网连接得以简化，成本也得到降低。

1. PTP 协议

IEEE 1588 定义了一个精密时间协议，精密时间协议实现了对各以太网线程设备进行微秒级的高精度时间控制，特别适用于工业以太网。IEEE 1588 使用时间戳来同步本地时间的原理也可以使用在生产过程的控制中，在网络通信时同步控制信号，可能会有一定的波动，但是 IEEE 1588 达到的精度，使得这项技术尤其适用于基于以太网的高精度分布时钟控制网络系统，它为工业自动化应用提供了真正有用的解决方案。

PTP 协议应用在包括一个或多个时钟节点、通过一系列通信媒体进行通信的控制网络系统中，每个节点包含一个实时时钟的模型。IEEE 1588 标准将整个网络内的时钟分为 2 种，即普通时钟（Ordinary Clock，OC）和边界时钟（Boundary Clock，BC）。OC 只有一个 PTP 通信端口，而 BC 则有多个 PTP 通信端口，并且每个端口提供独立的 PTP 通信，通常应用于如交换机、路由器等确定性交互的网络设备中。

在 PTP 系统中，按照通信网络关系可以把时钟分为主时钟、从时钟和最高级主时钟（Grand Master Clock，GMC），在一个 PTP 通信子网内只能有一个主时钟，主时钟为整个系统提供时钟标准，从时钟保持与主时钟的同步。

PTP 系统由一个或多个 PTP 子域构成，每个子域都有一个子域名，包含若干个 OC 和 BC，如果需要连接多个 PTP 子域，就需要 BC 来实现。一个子域内的主时钟，除了发送同步消息，同时也可以发送外部的标准时间信号，用以实现主时钟所在子域的时钟同步。

2. PTP 子域系统模型

一个典型的 PTP 系统的子域一般包含多个节点，其中每个节点都代表一个时钟，时钟之间通过网络链接实现互联。

PTP 子域模型如图 5-12 所示，每个矩形代表一个包含 OC 的节点，椭圆形则代表包含 BC 的节点。BC 的端口可以作为从属端口与子域相连，为整个系统提供时钟标准，同时 BC 的其他端口作为主端口，通过 BC 的这些端口将时间同步报文信息发送到子域。相对于子域而言，BC 的端口可以看作 OC。

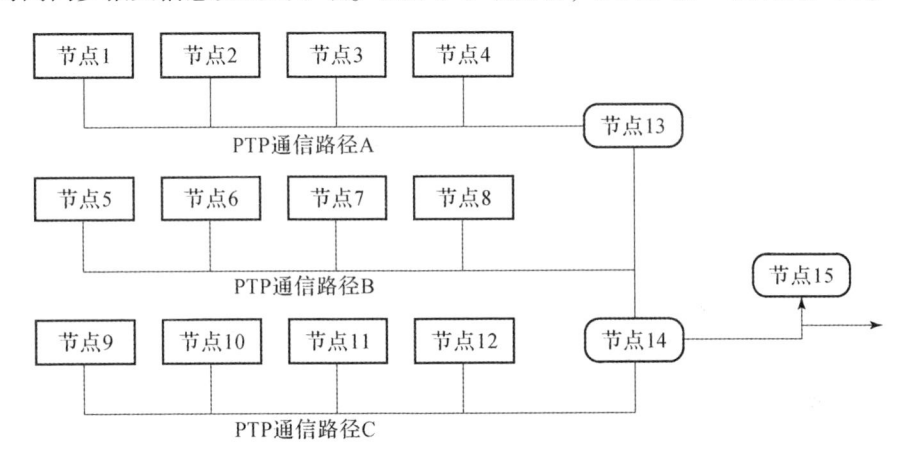

图 5-12　PTP 子域模型

一个简单的 PTP 子域系统通常由一个主时钟和多个从时钟组成，如果同时存在多个潜在的主时钟，那么运行的主时钟根据最优化的主时钟算法决定。所有的时钟不断与主时钟比较时钟属性，如果新时钟加入系统或现存的主时钟与网络断开，其他时钟则会通过算法重新决定主时钟。

在一个子域内，BC 的每一个端口具有同等的优先级，通常利用主时钟算法选取一个与优先级更高的主时钟直接连接的端口作为从端口（S 端口）。在 BC 中，从端口是唯一的，BC 通过这个从端口与其他的子域进行通信，接收同步报文信息，而 BC 的其他所有端口则在内部同步于这个从端口。BC 定义了主-从时钟的一个双亲-孩子层次，系统中最好的时钟是最高级主时钟 GMC，GMC 有着最好的稳定性和准确性。根据各节点上时钟的精度以及 UTC 的可追溯性等特性，由最佳主时钟（Best Master Clock，BMC）算法来自动选择各子网内的主时钟，在只有一个子网的系统中，主时钟就是 GMC。每个系统只有一个 GMC，而且每个子网内只有一个主时钟，从时钟与主时钟保持同步，因此，PTP 子域系统的主时钟是整个系统的 GMC，BC 的其他端口会作为主端口，通过 BC 的这些端口将同步信息发送到子域。

PTP 协议的操作产生一个 PTP 通信路径的拓扑结构，这个拓扑结构是个非封闭的环形结构，即在任何 2 个 PTP 时钟之间有唯一的一条通信链路，由于时钟具有优先级的区别，所以路径拓扑禁止形成环形。PTP 协议会在 PTP 通信路径探测环形结构，通过改变包含 BC 的端口状态，PTP 协议会改变一个环形图为没有环的图。在这种情况下，协议不可能在环形结构中传递通信，尽管物理连接可能是环形的拓扑结构，但这些状态的改变确保在非环形拓扑结构上进行真正的通信。

3. PTP 子域的时钟端口模型

在 PTP 机制中，一般有 5 种类型的时钟端口。

（1）最高级主端口。

最高级主端口可能是 OC 端口或 BC 的一个 PTP 外部接入点端口。在整个 PTP 子域中，如果时钟只有单一的主端口而没有其他的端口，那么这个端口就是最高级主端口。

（2）主端口。

主端口可能是 OC 端口或 BC 的一个 PTP 外部接入点且充当双亲端口的端口，主端口和从端口一起共享 PTP 通信线路。

（3）从端口。

从端口是同步于主端口的 OC 端口或一个 BC 的 PTP 端口外部接入点，同时从时钟的主端口成为从端口的双亲端口。

（4）未校正端口。

未校正端口是 OC 端口或一个 BC 的 PTP 端口外部接入点的端口中还没有确定主时钟的端口。

（5）被动端口。

被动端口是单独定义的一种用于 PTP 协议避免循环拓扑的端口。

每个子域形成时钟端口稳定的"双亲－孩子"层次，这种层次的根是最高级主时钟，每个分节点（必须是 BC）的时钟端口对所有分节点必须是双亲和主端口，任何分节点层次终端必定是一个从端口。一个稳定的子域必定是这样的子域，它的所有的端口都被 PTP 协议指出，或者是主动的、被动的，或者是从属的，又或者是一个被指定的最高级主时钟。

子域时钟端口模型如图 5-13 所示，每个时钟端口的状态都被表示为：M（Master 主时钟状态）、S（Slave 从时钟状态）。图中的节点 K($k=1$，2，…，11）是指 PTP 子域的 11 个节点，其中节点 5 在整个 PTP 子域中是单一的端口，它的状态是 M，也就是说，节点此时处于最高级主时钟状态。节点 5 的 M 端口对于和它相连的 3 个端口来说，是双亲和主端口，与其相联的 3 个端口都是从端口，节点层次终端必定是 1 个从端口。因此，这个子域中的其他所有时钟形成一个以节点 5 为根的非循环双亲 – 孩子层次关系。

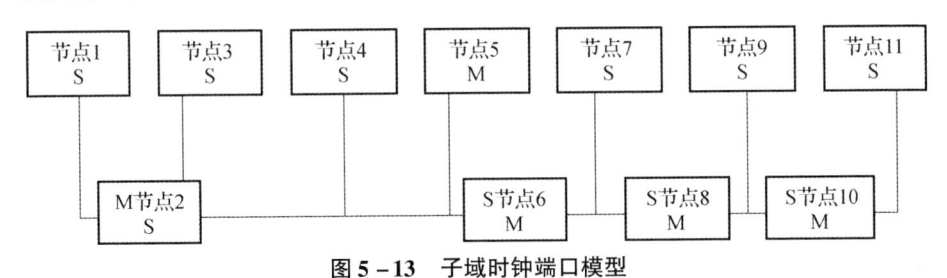

图 5-13　子域时钟端口模型

4. PTP 反应时间

在 PTP 操作中，同步报文和延迟请求报文在发送和接收时，应分别在两个特定时刻打上时间戳。这些时间戳用于表示报文在 PTP 协议栈编码过程中以及通过通信介质传输时的时钟时间。如图 5-14 所示（图中的二进制数据"×××××××× … ××××××10101010101"仅为示意，实际 PTP 报文格式和编码方式与此不同。）

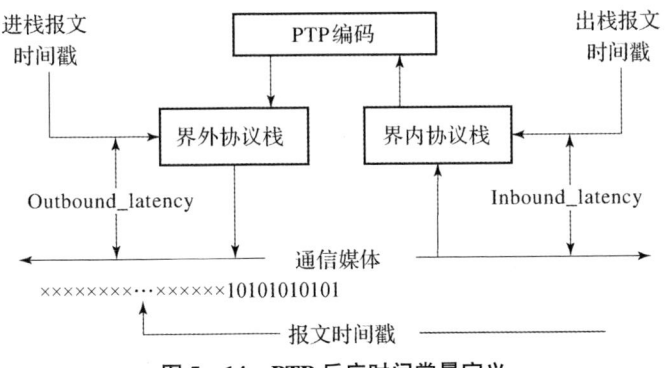

图 5-14　PTP 反应时间常量定义

每个 PTP 端口都定义了两个关键常量：Outbound_latency（出站延迟）和 Inbound_latency（入站延迟），图 5-14 也展示了 PTP 反应时间常量的定义。

其中，时间戳的标记过程涉及报文进出协议栈的多个阶段。在报文发送过程中（Outbound），时间戳在报文离开界内协议栈（即进入通信介质前）时被记录，这个过程中的延迟被称为 Outbound_latency。相应地，在报文接收过程中（Inbound），时间戳在报文进入界内协议栈（即从通信介质接收后）时被记录，这个过程中的延迟被称为 Inbound_latency。Outbound_latency 常量代表了同步报文和延迟请求报文从时钟生成时间戳到通过通信介质向外传播所需的时间。而 Inbound_latency 常量则代表了这些报文从通信介质接收到时钟再次记录时间戳所需的时间。

需要注意的是，这些时间戳和延迟常量对于精确测量和补偿网络中的时间同步误差至关重要。它们有助于确保 PTP 系统能够在各种网络条件下实现高精度的时间同步。

时钟时间戳与通信介质中向内传播的时间是两个不相等的常量。它们之间的差异会导致时钟的不一致性。对于输入和输出的同步报文以及延迟请求报文，时间戳是在报文通过相应时钟的瞬间产生的。报文时间戳是同步报文和延迟请求报文的显著特征，它可以在报文通过时钟时被识别出来。图 5-14 展示了一个典型的同步报文和延迟请求报文进入协议栈的过程。在这个过程中，报文时间戳（图中以"11"开始，后面跟着一系列"01"）从离开通信介质到进入协议栈底部，再经过时钟进行时间戳记录，这一过程所经历的时间被称为 Inbound_latency。所有时间戳都在报文通过时钟时被记录，如果检测同步报文和延迟请求报文的时间点不是报文时间戳产生的时刻，那么产生的时间戳需要在检测时间与报文时间戳通过时钟的时间之间进行适当的修正。

5. PTP 同步过程

通常情况下，PTP 同步分为 2 个阶段：建立主从分级和进行时钟同步。在一个 PTP 域内，OC 和 BC 的每个端口都维护一套独立的 PTP 状态机。每个端口都利用最佳主时钟算法分析接收到的信息和自身的时钟数据集，以决定各个端口的状态。决定主从等级的端口状态有三种：

（1）主（Master）：服务路径上的时钟源，负责提供时间同步服务。

（2）从（Slave）：同步于路径上处于主状态的端口，接收主时钟的时间同步信息。

（3）被动（Passive）：不处于主状态或从状态的端口，不参与时间同步过程。

主从分级实质上是在子网中寻找最佳主时钟的过程。在不同拓扑结构的子网中，寻找最佳主时钟的方法有所不同，主要有以下两种方法：

（1）在单一子网中选择最佳主时钟。

单一子网中的所有时钟都运行相同的最佳主时钟算法。一个时钟节点刚启动时，会首先侦听一段时间。如果在这段时间内没有接收到来自其他时钟的消息，该时钟则认为自己是最佳主时钟。处于主状态的时钟会周期性地发送同步消息，并接收来自其他潜在主时钟的消息。这些潜在的主时钟被称为外来主时钟。每个主时钟根据最佳主时钟算法和接收到的消息内容来决定是继续维持主状态还是要从属于外来主时钟。同时，每个非主时钟也利用最佳主时钟算法来决定是否要变成主时钟。

（2）在多重子网中选择最佳主时钟。

在多重子网中，BC 将网络分割成多个最小子网，并且不会在子网之间传递任何与时钟相关的消息。在最小子网中，BC 的一个端口在同步和 BMC（Best Master Clock，最佳主时钟）算法方面与 BC 的其他部分相似。BC 会选择能够看到最佳时钟的端口作为唯一的从端口，而其他端口则与这个从端口共用一个时钟数据集。

6. 时间戳生成与提取

在 PTP 条件下，要实现时间的同步，首先需要生成并获取时间戳，然后利用这些时间戳信息来实现本地时钟的校准。IEEE 1588 协议详细描述了时间戳的生成与接收参考模型，如图 5-15 所示。

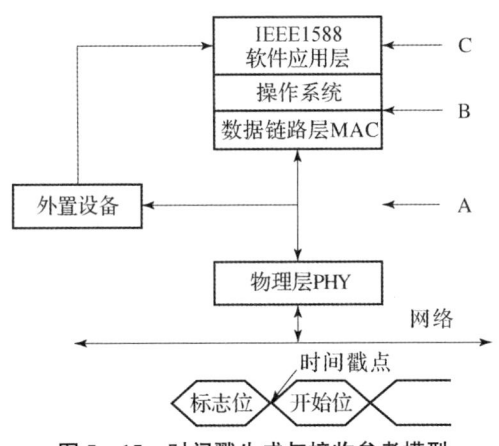

图 5-15 时间戳生成与接收参考模型

每个 PTP 事件消息在传输过程中都会经过一个或多个时钟节点的协议栈。在这些节点中，当 PTP 事件消息到达协议栈中的某个规定位置时，就会生成一个时间戳。这个位置可能位于应用层（如图 5-15 中 C 所指位置），也可能位于中断服务程序（如图5-15中B所指位置，尽管图中未明确标出中断服务程序的具体位置，但通常理解为其位于操作系统与数据链路层之间），还可能位于物理层与MAC层之间的接口处（如图5-15中A所指位置）。

在实际实现中，为了减小由底层传输抖动引入的时间误差，通常会将时间戳的处理部署在尽可能靠近实际网络连接点的位置。因此，A点（即PHY与MAC之间的接口）是一个理想的选择，因为它能够最准确地反映消息到达物理网络的时间点。然而，需要注意的是，不同硬件平台和软件实现可能对时间戳的精确度和位置有不同的限制和要求，因此在实际应用中需要根据具体情况进行选择和优化。

第6章 时频检校实践

第 1~5 章已经对时频检校的基本概念、时间频率和时间统一系统的重要性以及相关仪器设备的使用方法进行了系统介绍。本章从技能鉴定实操性特点和实际需求出发，理论与实践相结合、原理与方法相结合，给出了 3 个典型操作实验，具体包括标准时间频率信号测量、卫星授时和 NTP 网络授时，旨在帮助读者巩固对时频检校知识的理解，掌握时频检校的关键技能，深化对时频检校工作的认识，提升个人的专业技术水平。

6.1 标准时间频率信号测量

6.1.1 实验目的

通过常用仪器操作使用及标准时频信号测量，使学员掌握示波器、通用计数器等仪器的基本操作方法；了解标准时频信号格式及技术指标；掌握时频信号频率、振幅、脉冲宽度、上升时间等参数的测量方法。

6.1.2 实验器材

实验所需的主要器材如表 6-1 所列。

表 6-1 主要实验器材

器材名称	型号	数量	备注
卫星授时接收机	TD-74	1 台	SMA 接口
时频标分配放大器		1 台	
数字万用表	VC890D	1 台	
数字存储示波器	TDS2012B	1 台	
通用计数器	SR620	1 台	

续表

器材名称	型号	数量	备注
直流稳压源	DH729	1台	
铷原子钟	PRS10	1台	
函数发生器	AFG3052C	1台	
射频线缆		3m	可根据需要增加
射频接插件	SMA/BNC	1个/5个	可根据需要增加
焊台	白光	1台	用于射频线缆制作
焊锡丝		1卷	
镊子		1把	
压线钳		1把	
剥线钳		1把	
台钳		1个	
热缩管		12cm	与射频接插件配套

6.1.3 实验内容

1. 测量指标

本实验主要针对标准频率信号和标准时间信号进行各项指标的测量，包括1MHz、10MHz正弦信号以及1PPS、IRIG-B时间信号，测量指标主要有：

（1）标准频率信号：频率、峰峰值、不同通道之间相位差（同源）。

（2）＞1PPS信号：频率、脉冲宽度、占空比、峰峰值、不同通道之间相位差（同源）。

（3）IRIG-B码：各种码元的脉冲宽度及包含信息。

2. 射频线缆制作

利用给定的材料及电烙铁，结合仪器设备接口，制作相应的射频线缆，并检查线缆的连通性。

3. 仪器布设

结合测量任务及表 6-1 中仪器设备,制定相关测量方案,绘制仪器设备连接图。根据仪器设备连接图,搭建测量环境。

4. 测量记录

利用万用表、示波器、通用计数器等仪器仪表对待侧信号指标进行测量,并将测量结果记录到相应的表格中。

1)频率信号测量

将频率信号测量结果记录在表 6-2 中。

表 6-2 频率信号测量记录表

频率信号/MHz	信号源及测量仪器	频率/MHz	峰峰值/V	相位差/(°)
1				
10				

2)时间信号测量

将时间信号测量结果记录在表 6-3 中。

表 6-3 时间信号测量记录表

频率信号	信号源及测量仪器	频率/MHz	峰峰值/V	相位差/(°)	脉冲宽度/μs	占空比/%
1PPS						

频率信号	信号源及测量仪器	码元宽度/μs			时间信息		
IRIG-B							

3)射频线缆测量

将射频线缆测量结果记录在表 6-4 中。

表 6-4　射频线缆测量记录表

编号	接头类型	接头外壳是否短路	接头外壳与针是否短路	接头针与针是否短路
1				
2				
3				

5. 注意事项

（1）焊接过程中要熟悉焊接规程，避免烫伤。

（2）仪器设备操作使用，要按照操作规范进行，严禁私自随意操作。

（3）注意实验环境卫生，实验结束后，物品摆放整齐，卫生清理干净，关闭所有电源。

6.2　卫星授时

6.2.1　实验目的

了解卫星授时时标信号获取方法；掌握通用计数器的基本使用方法；理解使用通用计数器进行时间间隔、频率测量的基本原理及方法。

6.2.2　实验器材

实验所需的主要器材如表 6-5 所列。

表 6-5　主要实验器材

器材名称	型号	数量
GNSS 授时型接收机		1 台
通用计数器	RS620	1 台
时频标分配放大器		1 台
双通道示波器	泰克 2012B	1 台

续表

器材名称	型号	数量
卫星信号转发器		1台
配线	SMA、BNC	若干

6.2.3 实验内容

1. 平台搭建

硬件设备实验平台如图6-1所示。

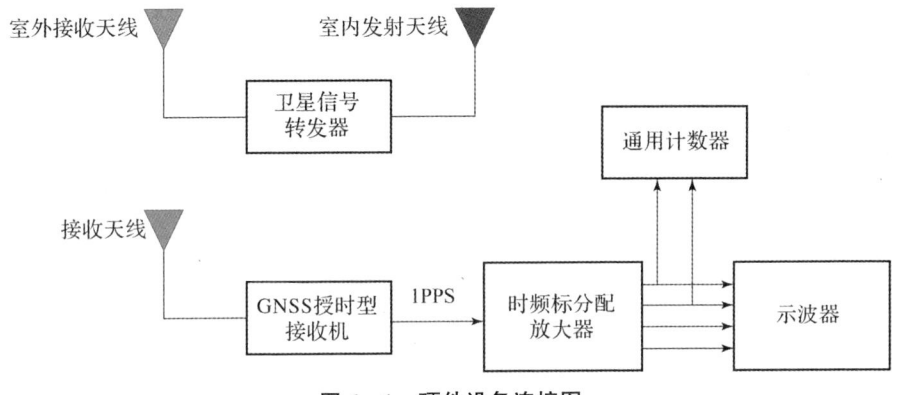

图6-1 硬件设备连接图

实验平台主要由卫星转发和卫星信号接收测量两部分构成。其中，卫星转发部分包含室外接收天线、卫星信号转发器和室内发射天线，卫星信号接收测量两部分包含接收天线、卫星授时模块、时频标分配放大器、示波器和通用计数器。

2. 利用直接时间间隔测量法测量1PPS偏差

1）基本概念

利用时间间隔测量法测量1PPS偏差，就是要求出待测1PPS与一个完全符合标准时间的脉冲信号之间的偏差。高精度情况下该差值小于1s，必须用时间间隔计数器进行计量。

2）测量原理

时间间隔计数器的核心是一台高稳定度的晶体振荡器，它连续发出等间隔的脉冲信号。计数器的电子闸门受外输入信号控制，待测秒信号打开闸门，开始计数，标准秒信号关闭闸门，停止计数。时间间隔测量波形如图 6-2 所示，来自时基倍频/分频系统的时钟脉冲信号，在主门打开期间被计数寄存器累加，计数器显示的读数就是被测秒信号与参考源之间的偏差。当然被比对的 2 个时间信号并不一定是秒信号，它们也完全可以是 2 个同频率的、或者具有特殊频率关系的任意时频信号。

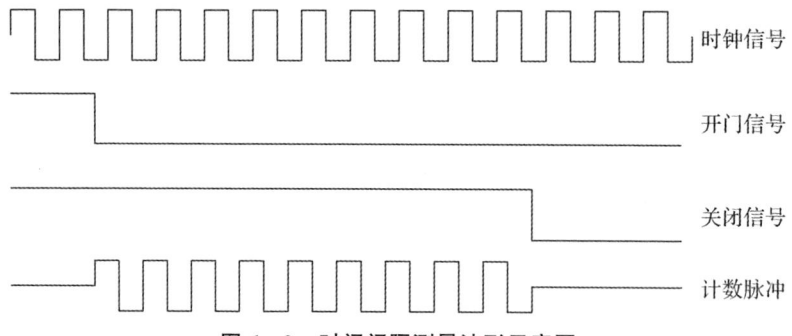

图 6-2　时间间隔测量波形示意图

本实验中，以 BD/GPS 卫星 1PPS 信号经时频标分配放大器输出的一路作为参考源，另选一路作为被测信号。被测信号相对于参考源的偏差为

$$\Delta t = t_i - t_{\text{ref}} = NT_0 \tag{6-1}$$

式中：N 为计数器的读数；T_0 为用于计数的脉冲信号的周期。

3. 实验步骤

(1) 根据图 6-1 搭建实验环境。

(2) 利用串口接收卫星授时数据信息，结合 NEMA0183 协议，解析具体内容。

(3) 利用示波器观测时频标分配放大器输出 1PPS 波形，粗略测量其占空比、周期、峰峰值等参数。

(4) 任选时频标分配放大器两路输出，利用通用计数器测量二者偏差，并记录。

(5) 对上述实验过程进行反复多次测量，对实验数据进行处理，并给出误差分析结果。

4. 思考题

(1) 卫星授时在军事当中有何应用？其优点是什么？有哪些局限性？

（2）如何利用卫星授时信号及时频测量设备实现本地钟校准？

6.3 网络授时

6.3.1 实验目的

理解 NTP 授时基本原理；掌握 NTP 客户端和服务端的配置方法，熟悉基本操作流程。

6.3.2 实验器材

实验所需的主要器材如表 6-6 所列。

表 6-6　主要实验器材

器材名称	型号	数量
计算机	—	1 台/人
局域网	—	—

6.3.3 实验内容

NTP 授时原理在 5.2 节已详细介绍，在此不再赘述。本实验通过操作系统自带的 NTP 网络授时软件进行服务器和客户端的配置，实现一对一的时间同步。

1. 服务器端配置

（1）打开注册表。

打开注册表，单击"开始"，单击"运行"，键入"regedit"，然后单击"确定"。

（2）修改 NTP 服务功能选项的键值。

HKEY_LOCAL_MACHINE \ SYSTEM \ CurentControlSet \ Services \ W32Time \ TimeProviders \ NtpServer 内的「Enabled」设定为 1，打开 NTP 服务器功能。

（3）修改时间源宣布键值。

HKEY_LOCAL_MACHINE \ SYSTEM \ CurrentControlSet \ Services \ W32Time \

Config\AnnounceFlags 设定为 5，该设定强制主机将它自身宣布为可靠的时间源，从而使用内置的互补金属氧化物半导体（CMOS）时钟。

（4）服务配置。

"开始" > "运行"，输入 services.msc，回车，找到 "Windows Time" 服务，双击打开，停止后再启动；或者在 dos 命令行执行以下命令，确保以上修改起作用，即

net stop w32time

net start w32time

为了避免服务器和 internet 上的 NTP 同步，最好追加配置 HKEY_LOCAL_MACHINE\SYSTEM\CurrentControlSet\Services\W32Time\TimeProviders\NtpClient 内的「enabled」设定为 0，以防止作为客户端自动同步外界的时间服务。

通常情况下，系统防火墙未设置 NTP 访问，因此应配置防火墙允许 NTP 访问，可采用如下两种方式之一：

（1）直接关闭防火墙。

（2）在防火墙上添加允许，设置名称为 "SNTP 时间基准"，端口为 "123"，协议为 "UDP"，方向为 "入"。

2. 客户端配置

（1）修改 NTP 服务功能选项的键值。

HKEY_LOCAL_MACHINE\SYSTEM\CurrentControlSet\Services\W32Time\TimeProviders\NtpClient 内的「Enabled」设定为 1，打开 NTP 客户端功能。

（2）设定时间源宣布键值。

HKEY_LOCAL_MACHINE\SYSTEM\CurrentControlSet\Services\W32Time\Config\AnnounceFlags 设定为 a（十六进制）。

（3）指定主时间服务器。

打开 "日期和时间" 设置，可以通过运行 timedate.cpl 或在控制面板中选择时钟和区域来打开。

点击 "Internet 时间" 选项卡，然后点击 "更改设置" 按钮。

勾选 "与 Internet 时间服务器同步" 选项，然后在服务器下拉列表中选择或输入服务器端地址，如 192.168.1.123。

点击 "立即更新" 按钮，然后点击 "确定" 按钮，即可完成时间同步。

（4）自由设定时间同步间隔。

HKEY_LOCAL_MACHINE\SYSTEM\CurrentControlSet\Services\W32Time\TimeProviders\NtpClient 内的［SpecialPollInterval］默认设定为 604800（或

86400)。

(5) 服务配置。

"开始" > "运行",输入 services. msc,回车,找到"Windows Time"服务,双击打开,停止后再启动。

3. 思考题

(1) 结合操作过程,总结归纳 NTP 授时的主要特点。
(2) 思考网络授时在军事中的应用场景。

参考文献

[1] 童宝润. 时间统一技术 [M]. 北京：国防工业出版社，2004.
[2] 翟造成，张为群，蔡勇，等. 原子钟基本原理与时频测量技术 [M]. 上海：上海科学技术出版社，2009.
[3] 李孝辉. 时间频率信号的精密测量 [M]. 北京：科学出版社，2010.
[4] 王义遒. 原子钟与时间频率系统 [M]. 北京：国防工业出版社，2012.
[5] 吴海涛，李孝辉，卢晓春，等. 卫星导航系统时间基础 [M]. 北京：科学出版社，2011.
[6] 漆贯荣. 时间科学基础 [M]. 北京：高等教育出版社，2006.
[7] 郭武君. 论军事时间 [M]. 北京：国防大学出版社，2009.
[8] 谭述森. 卫星导航定位工程 [M]. 2版. 北京：国防工业出版社，2010.
[9] 张维明. 一体化联合作战导论 [M]. 北京：军事科学出版社，2010.
[10] 马在田. 大辞海天文学·地球科学卷 [M]. 上海：上海辞书出版社，2005.